W0264752

Jeden Tag besser

Mathematik

Test- und Übungsheft

6. Klasse

Cornelsen
SCRIPTOR

Lernplan von ....

Teilbarkeit	Bearbeitet am	☹ 😐 ☺	↺ ✓
Teilbarkeitsregeln 4			
Teilermenge und ggT 6			
Vielfachmenge und kgV 8			
Rechnen mit Brüchen	**Bearbeitet am**	☹ 😐 ☺	↺ ✓
Darstellung von Brüchen 10			
Bruchteile berechnen 12			
Brüche am Zahlenstrahl 14			
Erweitern 16			
Kürzen 18			
Vergleichen und ordnen 20			
Addieren 22			
Subtrahieren 24			
Multiplizieren und dividieren 26			
Bruch als Quotient 28			

Rechnen mit Dezimalzahlen	Bearbeitet am	☹ 😐 ☺	↺ ✓
Bruch und Dezimalbruch 38			
Darstellen und ordnen 40			
Runden 42			
Addieren und subtrahieren 44			
Multiplizieren 46			
Dividieren 48			
Terme berechnen 50			
Geometrie	**Bearbeitet am**	☹ 😐 ☺	↺ ✓
Winkel zeichnen und messen 52			
Kreis und Winkel 54			
Oberflächeninhalt 56			
Rauminhalt 58			
Umgang mit Daten	**Bearbeitet am**	☹ 😐 ☺	↺ ✓
Häufigkeiten 60			
Mittelwerte 62			
Lösungen 29–36			

4 Teilbarkeitsregeln

Für einige Zahlen gibt es Teilbarkeitsregeln:

Endstellenregeln: Eine natürliche Zahl ist durch

- **2 teilbar, wenn ihre letzte Ziffer durch 2 teilbar ist oder wenn sie auf 0 endet.**
- **4 teilbar, wenn die aus den letzten beiden Ziffern gebildete Zahl durch 4 teilbar ist oder sie auf 00 endet.**
- **5 teilbar, wenn ihre letzte Ziffer 0 oder 5 ist.**
- **8 teilbar, wenn die durch ihre letzten drei Ziffern gebildete Zahl durch 8 teilbar ist oder wenn sie auf 000 endet.**
- **10 teilbar, wenn die letzte Ziffer 0 ist.**
- **25 teilbar, wenn die letzten beiden Ziffern 00, 25, 50 oder 75 sind.**

1 Unterstreiche die Zahlen, die

a) durch 2 teilbar sind: 456 783 980 1 766 2 877 12 434 435 769

b) durch 4 teilbar sind: 856 540 789 2 384 5 330 76 500 782 960

c) durch 5 teilbar sind: 565 980 117 6 555 9 880 77 435 120 113

d) durch 8 teilbar sind: 416 764 488 9 680 7 000 11 695 468 064

e) durch 10 teilbar sind: 765 820 700 5 449 9 692 34 230 659 436 5

2 Setze das richtige Zeichen (| für teilt oder ∤ für teilt nicht) ein.

Beispiel: 4 | 184 und 5 ∤ 456

a) 5 ..... 25 10 ..... 234 2 ..... 277 8 ..... 1 336 4 ..... 45 987

b) 100 ..... 6 700 25 ..... 348 775 2 ..... 655 444 10 ..... 321 100 2

3 Ergänze die fehlende Ziffer so, dass sich eine teilbare Zahl ergibt.

4 | 351..... 2 | 7 661..... 8 | 5 524..... 5 | 9 832..... 4

Quersummenregel: Eine natürliche Zahl ist durch
- 3 teilbar, wenn ihre Quersumme durch 3 teilbar ist.
- 9 teilbar, wenn ihre Quersumme durch 9 teilbar ist.

Die Quersumme einer Zahl erhältst du, wenn du die Ziffern der Zahl addierst:
Quersumme der Zahl 357: 3 + 5 + 7 = 15

4 Bilde die Quersumme.

723: 12 6125: 14 8890: 25 2789: 26 1

5 Unterstreiche die Zahlen, die

a) durch 3 teilbar sind: 67 551 <u>432</u> <u>9834</u> 12892 65383

b) durch 9 teilbar sind: 46 <u>756</u> <u>945</u> <u>6894</u> <u>11286</u> 55673 2

6 Setze das richtige Zeichen (| oder ∤) ein.

3 ∤ 2446 9 | 4248 3 | 4248 9 ∤ 2445 1

7 Finde drei vierstellige Zahlen, die jeweils durch 3 und 9 teilbar sind.

1188 8811 1818 1

8 Verbinde die Zahl in der Mitte mit ihren Teilern.

3

	19–15 Punkte	14–10 Punkte	9–0 Punkte	Gesamtpunktzahl

Teilermenge und ggT

Die Teilermenge einer Zahl findest du, indem du die Zahl in alle möglichen Produkte zerlegst, z. B. die Zahl 210:

$1 \cdot 210$	$5 \cdot 42$	$10 \cdot 21$
$2 \cdot 105$	$6 \cdot 35$	$14 \cdot 15$
$3 \cdot 70$	$7 \cdot 30$	

und die gefundenen Zahlen der Reihe nach aufschreibst:
$T_{210} = \{1, 2, 3, 5, 6, 7, 10, 14, 15, 21, 30, 35, 42, 70, 105, 210\}$

1 **Zerlege in Produkte und notiere die Teiler.**

	a)	b)	c)
Zahl	36	64	42
Produkte	1 · 36, 2 · 18, 3 · 12 4 · 9, 6 · 6	1·64, 2·32, 4·16 8·8,	1·42, 2·21 6·7 3·14
Teiler	1, 2, 3, 4 12 6 9, 18 36	1, 2, 4, 8, 16, 32, 64	1, 2, 3, 6, 7, 14, 21, 42

3

2 **Ergänze die Teilermenge.** $T_{24} = \{1, 2,$ 3, 4, 6, 8, 12, 24 $\}$

$T_{40} = \{1, 2,$ 4, 5, 8, 10, 20, 40 $\}$ 2

3 **a) Notiere alle Teiler, die die Zahlen 24 und 40 gemeinsam haben.**

1, 2, 4, 8 1

b) Nenne den größten gemeinsamen Teiler (ggT) der beiden Zahlen.

ggT(24; 40) = 8 1

4 **Notiere zwei 6-stellige Zahlen, die durch 2, 3 und 5 teilbar sind.**

a) ~~111110~~ 369480 b) 279 840 2

5 **Berechne die Teilermengen und ermittle den ggT.**

a) T_{66} = [1, 2, 3, 6, 11, 66, 22, 33]

T_{88} = [1, 2, 8, 4, 22, 88, 11, 44]

ggT(66; 88) = 22

3

b) T_{72} = [___, ___, ___, ___, ___, ___, ___, ___, ___, ___, ___, ___]

T_{108} = [___, ___, ___, ___, ___, ___, ___, ___, ___, ___, ___, ___]

ggT(72; 108) = ___

3

c) T_{30} = [___, ___, ___, ___, ___, ___, ___, ___]

T_{75} = [___, ___, ___, ___, ___, ___]

T_{135} = [___, ___, ___, ___, ___, ___, ___, ___]

ggT(30; 75; 135) = ___

4

6 **Eine 5,40 m lange und 4,20 m breite Terrasse soll mit möglichst großen quadratischen Platten belegt werden.**

a) Wie groß ist die Seitenlänge einer Platte? ___

b) Wie viele Platten werden benötigt?

Rechnung: ___

Antwort: ___

c) Eine Platte kostet 15 €. Wie hoch ist der Preis für die Terrasse?

Rechnung: ___

Antwort: ___

5

24–19 Punkte | 18–13 Punkte | 12–0 Punkte | Gesamtpunktzahl

Vielfachmenge und kgV

1 Bestimme die ersten fünf Vielfachen.

von 5 ____, ____, ____, ____, ____ von 13 ____, ____, ____, ____, ____

von 17 ____, ____, ____, ____, ____ 3

2 Bestimme alle zweistelligen Vielfachen.

von 30 ____________ von 25 ____________

von 26 ____________ von 35 ____________ 4

3 Bestimme die Vielfachmenge. Gib die ersten sechs Vielfachen an.

a) $V_{14} = \{$ ____, ____, ____, ____, ____, ____ ... $\}$

b) $V_{11} = \{$ ____, ____, ____, ____, ____, ____ ... $\}$

c) $V_{40} = \{$ ____, ____, ____, ____, ____, ____ ... $\}$

d) $V_{23} = \{$ ____, ____, ____, ____, ____, ____ ... $\}$ 4

4 Um welche Vielfachmenge handelt es sich?

a) V____ = { ... 30, 35, 40 ... } V____ = { ... 77, 84, 91... }

b) V____ = { ... 80, 96, 112 ... } V____ = { ...125, 150, 175 ... } 4

5 Rechne nach.

a) Ist 1 586 ein Vielfaches von 13? ____________

b) Ist 24 617 ein Vielfaches von 12? ____________ 2

Die Vielfachen zweier oder mehrerer Zahlen stehen miteinander in Verbindung.

Vielfache von 3:

Vielfache von 4:

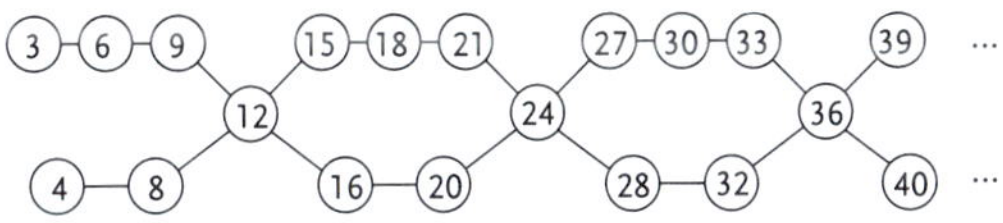

Das kleinste gemeinsame Vielfache (kgV) von 3 und 4 ist 12, kurz kgV(3; 4) = 12

6 **Suche das kgV mit Vielfachreihen.**

Vielfache von 8:

Vielfache von 12:

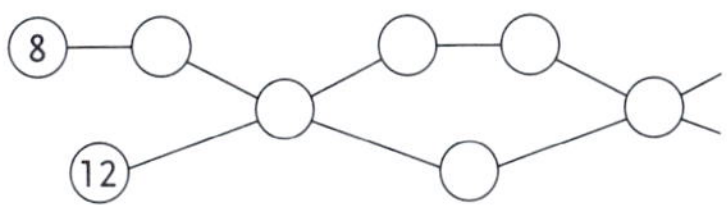

kgV(8; 12) = ______

Vielfache von 15:

Vielfache von 18:

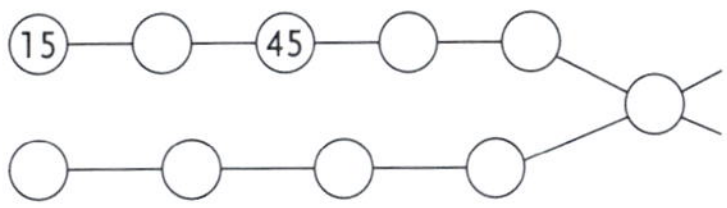

kgV(15; 18) = ______

[ ] 4

7 **Fülle die Tabellen aus.**

kgV	6	15	9	7
2	6	30		
5				
30				

kgV	20	8	16
14			
12	60		
25			

[ ] 6

8 **Wie lautet das kgV der Zahlen?**

a) 3; 5 und 6 kgV = ______

b) 2; 7 und 3 kgV = ______

[ ] 2

29–23 Punkte

22–16 Punkte

15–0 Punkte

Gesamtpunktzahl

Darstellung von Brüchen

1 **Eine Tafel Schokolade wird in 15 gleiche Stücke aufgeteilt. Britta erhält 4 Stücke und Tom 6 Stücke. Gib für beide den Bruchteil an.**

Britta: ~~$\frac{4}{6}$~~ Tom: 6

2

2 **Gib an, welcher Bruchteil jeweils gefärbt ist.**

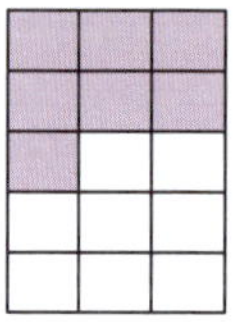

$\frac{7}{15}$

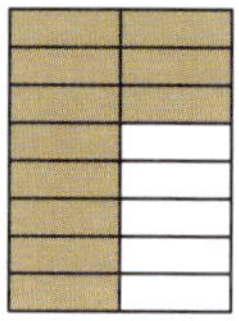

$\frac{11}{16}$

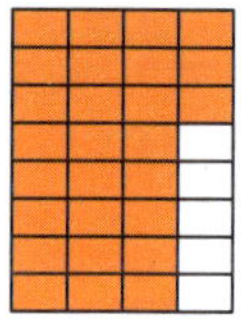

$\frac{27}{32}$

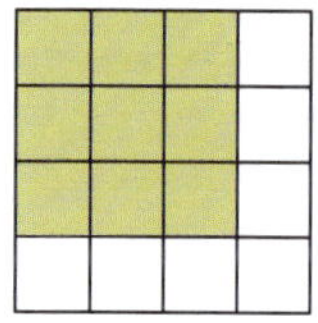

$\frac{9}{16}$

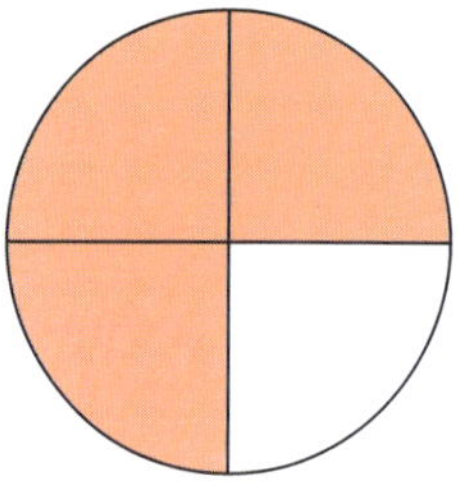

$\frac{3}{4}$

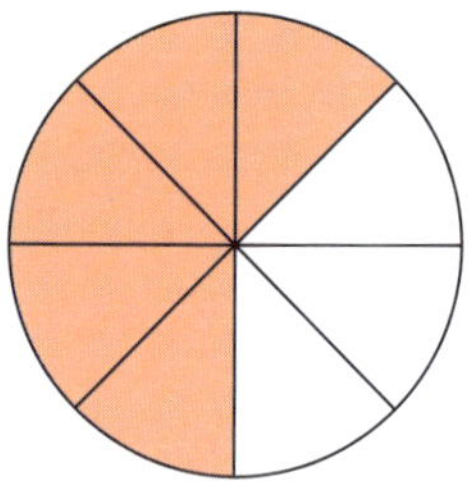

$\frac{5}{8}$

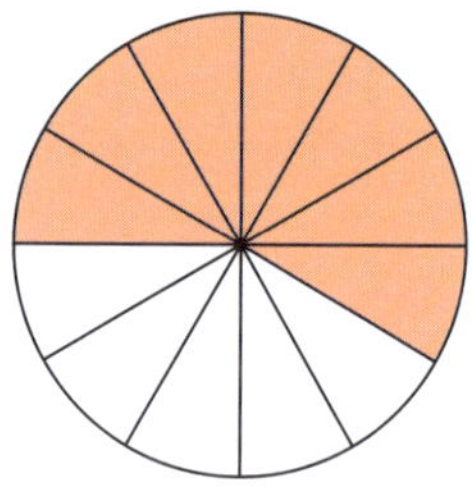

$\frac{7}{12}$

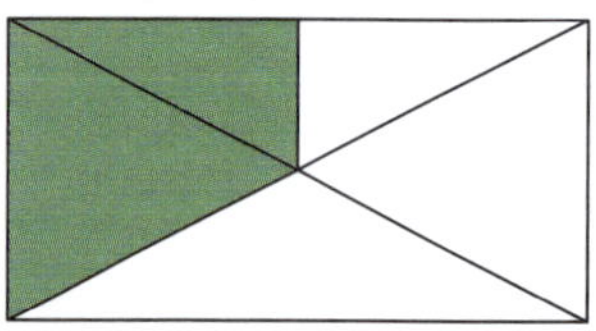

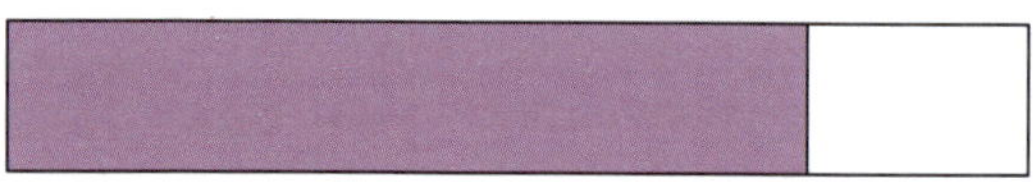

10

3 Färbe den als Bruchzahl angegebenen Anteil.

a) $\frac{5}{6}$

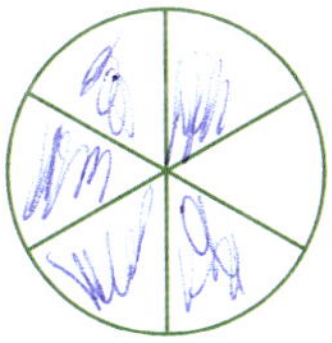

b) $\frac{3}{8}$

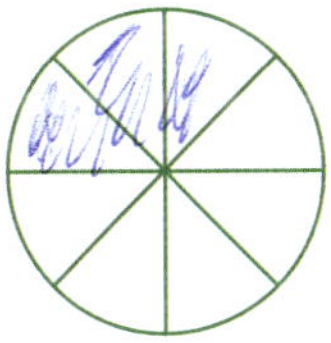

c) $\frac{7}{12}$

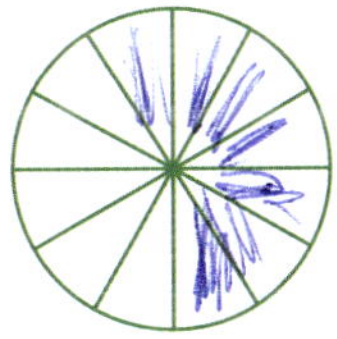

d) $\frac{1}{3}$

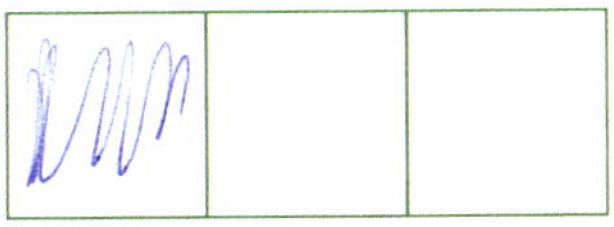

e) $\frac{5}{8}$

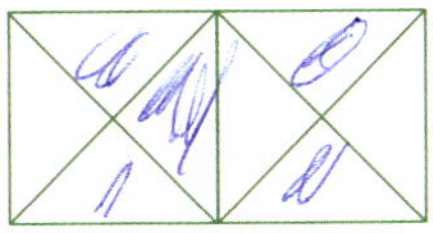

f) $\frac{2}{3}$

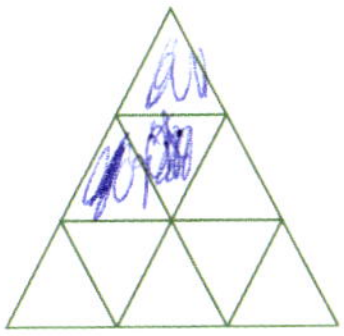

g) $2\frac{1}{4}$

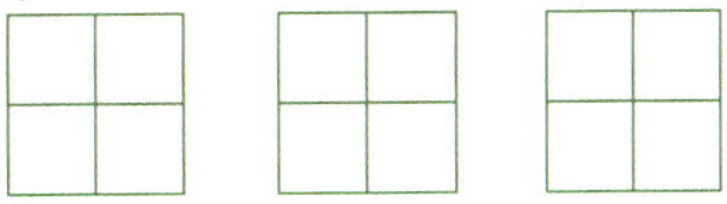

h) $\frac{4}{5}$

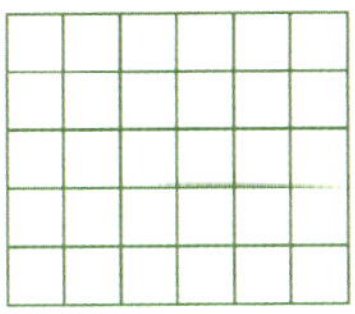

i) $\frac{1}{2}$

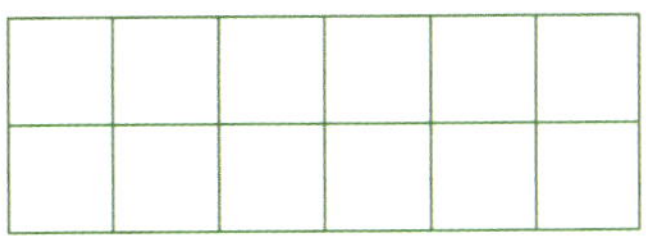

6

4 Zwei Tafeln Schokolade sollen gerecht an drei Kinder verteilt werden.

a) In wie viele gleiche Teile muss jede Tafel geteilt werden?

b) Veranschauliche in der Skizze.

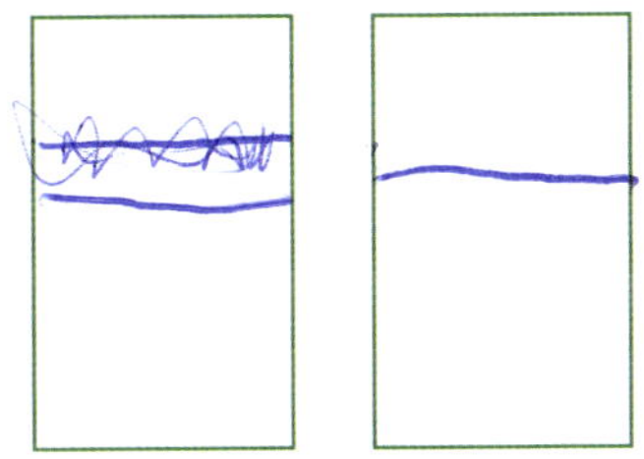

c) Welchen Anteil bekommt jedes Kind?

$\frac{3}{3}$

3

21–16 Punkte | 15–11 Punkte | 10–0 Punkte | Gesamtpunktzahl

Bruchteile berechnen

1 Familie K. kauft einen Kasten mit 12 Flaschen Coca Cola. Nach einer Woche sind $\frac{2}{3}$ der Flaschen getrunken. Wie viele Flaschen sind das?

Der Nenner gibt an, in wie viele gleiche Teile die 12 Flaschen aufgeteilt wurden: *12 : 3 = 4 Flaschen*

Der Zähler gibt an, wie viele Teile getrunken wurden: *2 · 4 = 8 Flaschen*

Pfeilbild:

$$12 \xrightarrow{:3} 4 \xrightarrow{\cdot 2} 8$$

Wie viele Flaschen sind es, wenn $\frac{3}{4}$ der Flaschen getrunken werden? Zeichne ein Pfeilbild und formuliere die Antwort.

Pfeilbild:

Antwort: ______________________ 2

2 Julias Klassenfahrt kostet 210 €. $\frac{2}{7}$ davon bezahlt sie von ihrem gesparten Geld. Wie viel Euro sind das?

Rechnung: $\frac{2}{7}$ 210

Antwort: 60 2

3 Berechne.

a) $\frac{7}{8}$ von 32 Gläsern = 28

b) $\frac{5}{6}$ von 48 € = 40

c) $\frac{3}{4}$ von 16 Litern = 12

d) $\frac{8}{13}$ von 78 Heften = 26

e) $\frac{5}{7}$ von 56 Eiern = 40

f) $\frac{9}{10}$ von 40 Lehrern = 36

6

4 **Herr Meier bestellt $\frac{3}{4}$ kg Fleisch beim Metzger. Wie viel Gramm sind das?**

(Hinweis: Berechne $\frac{3}{4}$ von 1 000 g).

Rechnung: 750 — 1

5 **Berechne, gib in Gramm an.**

$\frac{3}{8}$ kg = 375 $\frac{4}{5}$ kg = 800

$\frac{7}{10}$ kg = 700 $\frac{12}{25}$ kg = 750 — 4

6 **Berechne, gib in Zentimetern an.**

$\frac{3}{4}$ m = 750 $\frac{2}{5}$ m = 400

$\frac{3}{10}$ m = 300 $\frac{1}{2}$ m = 500 — 4

7 **Inge macht mit Freunden eine Wanderung. Nach 15 km haben sie $\frac{3}{4}$ der Gesamtstrecke zurückgelegt. Wie viel Kilometer müssen sie noch laufen?**

a) $\frac{3}{4}$ des Wegs sind: 11250 m $\frac{1}{4}$ des Wegs sind: 2800 m

b) Wie viel Kilometer sind das insgesamt? 20,000 km

Antwort: — 2

☐ 21–15 Punkte 14–8 Punkte 7–0 Punkte ☐ Gesamtpunktzahl

Brüche am Zahlenstrahl

1 Zwei gleiche große Pizzen sollen verteilt werden. Eine Pizza wird in 8 gleiche Teile, die andere in 4 gleiche Teile geteilt. Inge erhält von der einen Pizza 2 Stücke (das sind $\frac{2}{8}$ der Pizza), Bärbel erhält von der anderen 1 Stück (das ist $\frac{1}{4}$ der Pizza). Färbe ein und vergleiche.

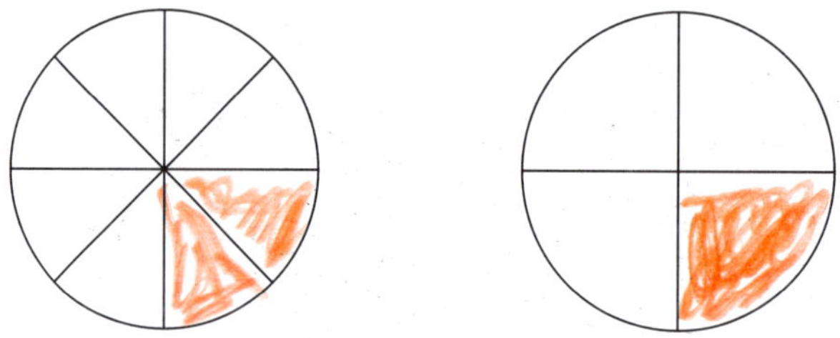

2

2 a) Schreibe an die Pfeile am Zahlenstrahl einen passenden Bruch.

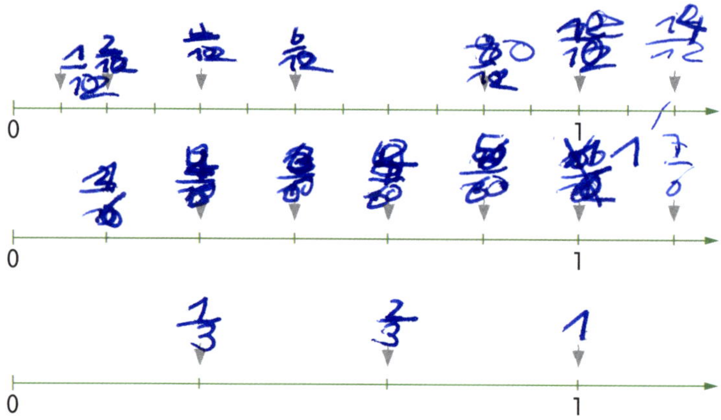

3

b) Lies an den Zahlenstrahlen ab, welche Brüche den gleichen Wert haben.

Beispiel: $\frac{4}{12} = \frac{2}{6} = \frac{1}{3}$

$\frac{4}{6} = \frac{2}{3}$

$\frac{6}{12} = \frac{3}{6}$

$\frac{10}{12} = \frac{5}{6}$

$\frac{12}{12} = \frac{6}{6}$

$\frac{14}{12} = \frac{7}{6}$

5

3 **Schreibe die folgenden Brüche an den Zahlenstrahl.**

$\frac{1}{4}$; $\frac{1}{3}$; $\frac{3}{4}$; $\frac{2}{6}$; $\frac{1}{2}$; $\frac{7}{6}$; $1\frac{1}{2}$; $1\frac{2}{4}$; $\frac{24}{12}$; $2\frac{3}{6}$

0 1 2

10

4 **Trage die folgenden Brüche an den Zahlenstrahlen ein.**
Trage gleichwertige Brüche untereinander ein.

a) $\frac{1}{5}$; $\frac{1}{10}$; $\frac{1}{2}$; $\frac{5}{10}$; $\frac{2}{10}$; $\frac{9}{10}$; $\frac{2}{5}$; $\frac{3}{5}$

0 1

4

b) $\frac{1}{6}$; $\frac{1}{4}$; $\frac{1}{2}$; $\frac{5}{12}$; $\frac{2}{4}$; $\frac{9}{12}$; $\frac{13}{12}$; $\frac{5}{6}$; $\frac{2}{3}$; $\frac{3}{4}$

0 1

4

5 **Unterscheide. Schreibe jeweils 4 Beispiele.**

a) Echter Bruch: Nenner > Zähler

b) Unechter Bruch: Nenner < Zähler

c) Gemischte Zahl: Natürliche Zahl und echter Bruch

3

31–24 Punkte 23–16 Punkte 15–0 Punkte Gesamtpunktzahl

Erweitern

1 **a) Ergänze Zähler und Nenner.**

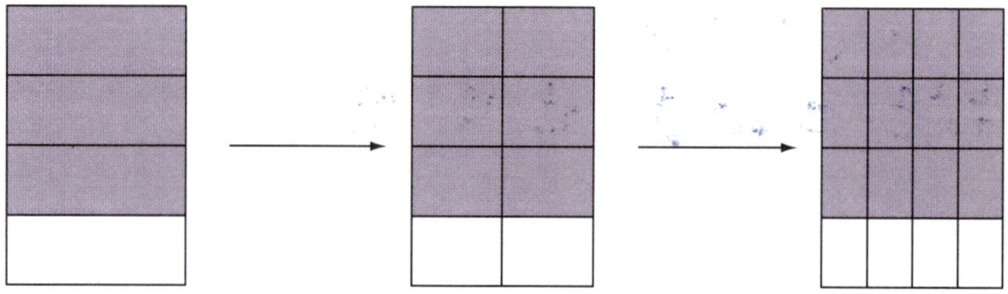

$\frac{3}{4} = \frac{6}{8} = \frac{12}{16}$

b) Ergänze Zähler und Nenner und stelle die Brüche in den Rechtecken dar.

$\frac{2}{5} = \frac{4}{10} = \frac{8}{20}$

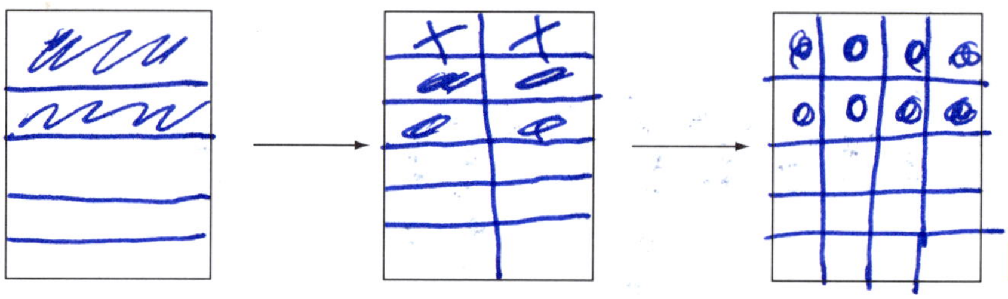

4

2 **Erweitere die Brüche.**

Beim Erweitern von Brüchen werden Zähler und Nenner mit der gleichen Zahl multipliziert.

a) Mit dem Faktor 2: $\frac{6}{7} = \frac{12}{14}$ $\frac{3}{8} = \frac{6}{16}$ $\frac{4}{5} = \frac{8}{10}$ $\frac{17}{23} = \frac{34}{46}$

b) Mit dem Faktor 10: $\frac{7}{8} = \frac{70}{80}$ $\frac{1}{2} = \frac{10}{20}$ $\frac{3}{4} = \frac{30}{40}$ $\frac{12}{13} = \frac{120}{130}$

c) Mit dem Faktor 7: $\frac{6}{7} = \frac{42}{49}$ $\frac{7}{8} = \frac{49}{56}$ $\frac{11}{13} = \frac{77}{91}$ $2\frac{3}{4} =$?

3

3 Erweitere die Brüche auf den Zähler 24.

$\frac{6}{9} = \frac{24}{36}$ $\frac{8}{12} = \frac{24}{36}$ $\frac{12}{25} = \frac{24}{50}$ $\frac{3}{7} = \frac{24}{56}$ 4

4 Erweitere die Brüche auf den Nenner 36.

$\frac{7}{12} = \frac{21}{36}$ $\frac{14}{9} = \frac{56}{36}$ $\frac{25}{6} = \frac{150}{36}$ $\frac{7}{4} = \frac{63}{36}$ 4

5 Erweitere auf den gegebenen Zähler oder Nenner. Gib auch den Faktor an, mit dem du erweitert hast.

$\frac{7}{30} = \frac{21}{90}$ Faktor: 3 $\frac{4}{15} = \frac{16}{60}$ Faktor: 4 $\frac{9}{4} = \frac{45}{20}$ Faktor: 5

$\frac{7}{36} = \frac{28}{144}$ Faktor: 4 $\frac{9}{15} = \frac{144}{240}$ Faktor: 16 $\frac{13}{14} = \frac{117}{}$ Faktor: ? 6

6 Welche Erweiterungsaufgabe ist dargestellt? Ergänze!

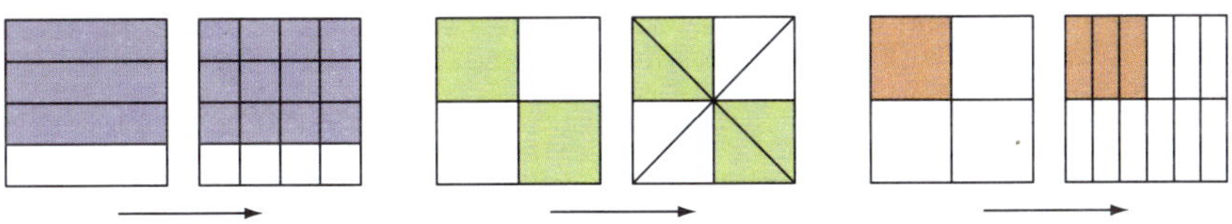

$\frac{3}{4} = \frac{12}{16}$ $\frac{2}{4} = \frac{4}{8}$ $\frac{1}{4} = \frac{3}{12}$ 5

7 Erweitere die beiden Brüche so, dass sie den gleichen Nenner haben.

$\frac{2}{3}$ und $\frac{3}{4}$ → $\frac{8}{12}$ und $\frac{9}{12}$ $\frac{5}{6}$ und $\frac{3}{5}$ → ______ und ______ 2

28–22 Punkte 23–15 Punkte 14–0 Punkte Gesamtpunktzahl

Kürzen

1 a) **Ergänze Zähler und Nenner.**

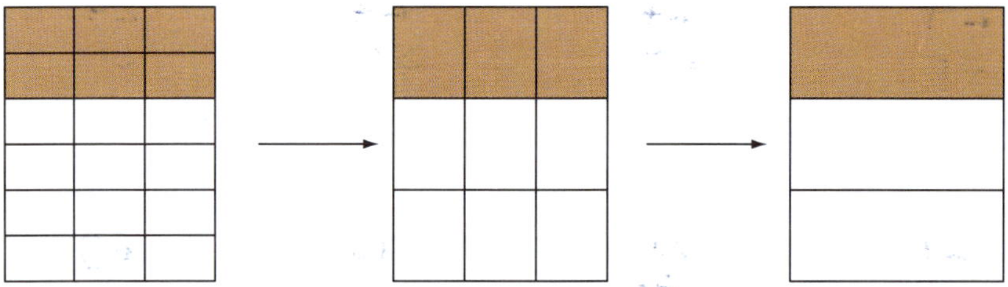

$\frac{6}{18} = \frac{\_\_\_}{9} = \frac{1}{\_\_\_}$

b) **Ergänze Zähler und Nenner und stelle die Aufgabe zum Kürzen in den Rechtecken dar.**

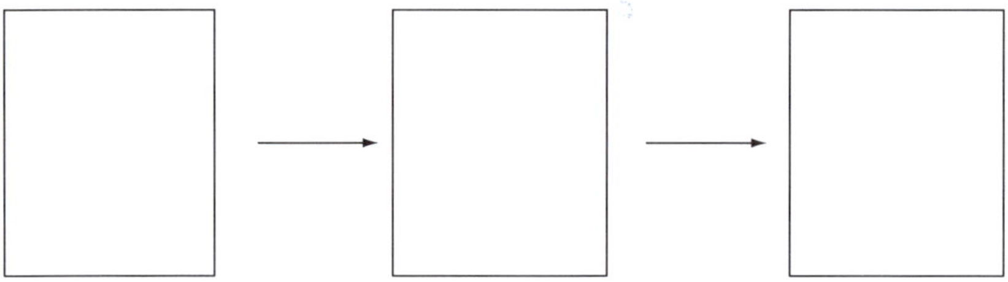

$\frac{12}{16} = \frac{\_\_\_}{8} = \frac{3}{\_\_\_}$

6

2 **Kürze die Brüche.**

Beim Kürzen eines Bruches dividiert man Zähler und Nenner durch die gleiche Zahl. Der Wert des Bruches ändert sich dadurch nicht.

a) Durch 2: $\frac{6}{8} =$ ___ $\frac{4}{12} =$ ___ $\frac{26}{6} =$ ___ $\frac{18}{14} =$ ___ $\frac{102}{150} =$ ___

b) Durch 3: $\frac{6}{9} =$ ___ $\frac{9}{12} =$ ___ $\frac{27}{6} =$ ___ $\frac{18}{12} =$ ___ $2\frac{12}{21} = 2$ ___

c) Durch 5: $\frac{15}{20} =$ ___ $\frac{5}{10} =$ ___ $\frac{50}{100} =$ ___ $\frac{35}{40} =$ ___ $5\frac{10}{15} = 5$ ___

3

3 **Kürze die Brüche mit 7.**

$\frac{7}{28} = \_\_\_$ $\frac{14}{21} = \_\_\_$ $\frac{56}{63} = \_\_\_$ $\frac{119}{133} = \_\_\_$ $\frac{777}{2100} = \_\_\_$ [ ] 5

4 **Kürze die Brüche mit 3.**

$\frac{33}{45} = \_\_\_$ $\frac{15}{30} = \_\_\_$ $\frac{39}{42} = \_\_\_$ $\frac{120}{333} = \_\_\_$ $\frac{27}{36} = \_\_\_$ [ ] 5

5 **Ergänze Zähler und Nenner bei den gekürzten Brüchen.**

$\frac{16}{24} = \frac{\_\_}{3}$ $\frac{48}{36} = \frac{4}{\_\_}$ $\frac{56}{64} = \frac{\_\_}{8}$ $\frac{15}{35} = \frac{3}{\_\_}$ $\frac{110}{120} = \frac{11}{\_\_}$ [ ] 5

6 **Kürze die folgenden Brüche so weit wie möglich.**

$\frac{16}{24} = \_\_\_$ $\frac{18}{27} = \_\_\_$ $\frac{12}{36} = \_\_\_$ $\frac{18}{48} = \_\_\_$ $1\frac{25}{50} = 1\_\_\_$

$\frac{38}{95} = \_\_\_$ $\frac{81}{27} = \_\_\_$ $\frac{144}{96} = \_\_\_$ $\frac{143}{242} = \_\_\_$ $3\frac{60}{180} = 3\_\_\_$ [ ] 10

7 **Gib an, welche Aufgabe zum Kürzen jeweils dargestellt ist!**

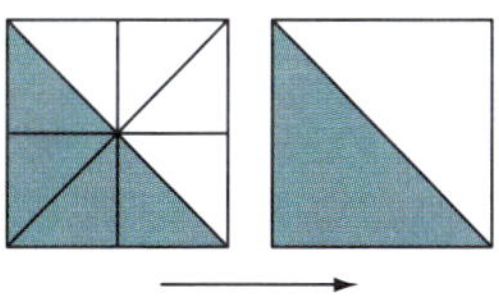

___ = ___

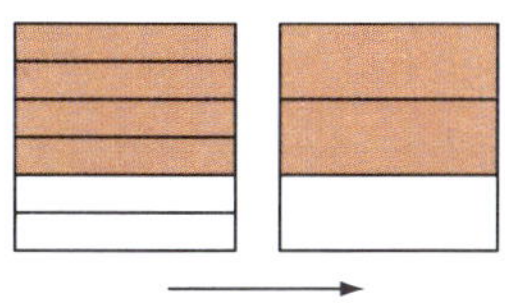

___ = ___

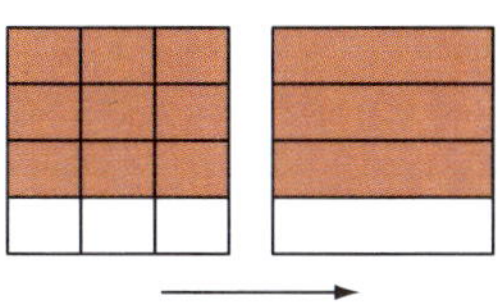

___ = ___

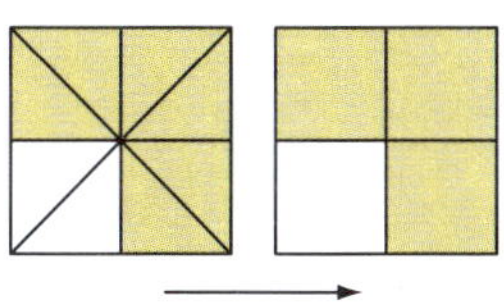

___ = ___

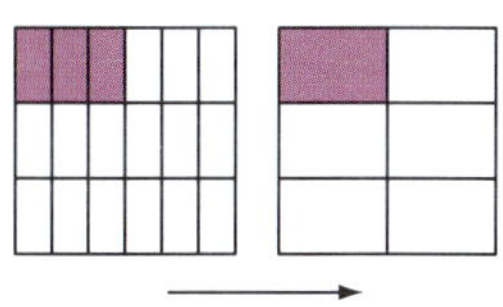

___ = ___

[ ] 5

[ ] 39–30 Punkte | 29–20 Punkte | 19–0 Punkte | [ ] Gesamtpunktzahl

Vergleichen und ordnen

1 **Zum Abendessen gibt es Salamipizza und Spinatpizza. Von der Salamipizza bleiben $\frac{3}{8}$, von der Spinatpizza $\frac{5}{8}$ übrig.**
Von welcher Pizza bleibt weniger übrig?

Begründe: ……………………………………………………………………

…………………………………………………………………… [ ] 2

2 **Größer oder kleiner? Setze das passende Zeichen ein: > oder <.**

$\frac{3}{4} \square \frac{2}{4}$ $\frac{1}{6} \square \frac{4}{6}$ $\frac{7}{12} \square \frac{9}{12}$ $4\frac{6}{7} \square 4\frac{4}{7}$ $7\frac{3}{11} \square 8\frac{2}{11}$ [ ] 5

3 **Ordne der Größe nach, beginne mit der kleinsten Zahl.**
Verwende das Zeichen <.

a) $\frac{8}{9}$; $\frac{5}{9}$; $\frac{2}{9}$; $\frac{12}{9}$; $\frac{9}{9}$; $1\frac{1}{9}$ ……………………………………

b) $8\frac{3}{11}$; $8\frac{1}{11}$; $8\frac{7}{11}$; $8\frac{5}{11}$; $8\frac{10}{11}$; $8\frac{8}{11}$ …………………………………… [ ] 2

4 **Von einer Kirschtorte bleiben $\frac{4}{12}$ übrig, von der Schokoladentorte $\frac{4}{8}$.**
Von welcher Torte bleibt weniger übrig?

Begründe: ……………………………………………………………………

…………………………………………………………………… [ ] 1

5 **Kleiner oder größer? Setze das passende Zeichen ein: < oder >.**

$\frac{5}{9} \square \frac{5}{8}$ $\frac{7}{10} \square \frac{7}{5}$ $\frac{12}{13} \square \frac{12}{17}$ $1\frac{3}{4} \square 1\frac{3}{5}$ $2\frac{8}{11} \square 3\frac{8}{10}$ [ ] 5

6 **Schreibe a) drei Brüche mit gleichem Nenner und**
b) drei mit gleichem Zähler.

a) …………………………………… b) …………………………………… [ ] 2

Brüche mit unterschiedlichen Zählern und Nennern können verglichen werden, indem du sie gleichnamig machst, das heißt beide auf den gleichen Nenner bringst. Der kleinste gemeinsame Nenner heißt Hauptnenner, das ist das kgV der Zahlen im Nenner.

7 Tanja spart immer $\frac{5}{10}$ ihres Taschengeldes, Klaus spart $\frac{2}{5}$. Wer spart mehr? Erweitere zuerst auf den Hauptnenner, vergleiche dann.

______________________ [ ] 2

8 Erweitere die Brüche auf einen gemeinsamen Nenner, er soll so klein wie möglich sein. Setze dann die Zeichen < oder > ein.

a) $\frac{4}{5}; \frac{2}{3} \rightarrow \frac{12}{15} > \frac{10}{15}$ $\frac{5}{12}; \frac{3}{8} \rightarrow$ ________ $\frac{5}{4}; \frac{7}{9} \rightarrow$ ________

b) $\frac{9}{30}; \frac{12}{15} \rightarrow$ ________ $\frac{3}{4}; \frac{5}{6} \rightarrow$ ________ $\frac{5}{6}; \frac{7}{10} \rightarrow$ ________ [ ] 5

9 Bringe zuerst die Brüche auf den gleichen Hauptnenner! Ordne dann der Größe nach, beginne mit der kleinsten Zahl.

a) $\frac{5}{6}; \frac{3}{4}; \frac{7}{8}$ $\frac{5}{6} = \frac{20}{24}$ $\frac{3}{4} = \frac{\_\_}{24}$ $\frac{7}{8} =$ ____ ________________

b) $\frac{2}{3}; \frac{4}{15}; \frac{11}{30}$ ________________

c) $2\frac{2}{3}; 2\frac{3}{5}; 2\frac{3}{10}$ ________________ [ ] 3

10 Bestimme das kgV.

kgV(8; 12) = ________ kgV(21; 14) = ________ [ ] 2

[ ] 29–23 Punkte 22–16 Punkte 15–0 Punkte [ ] Gesamtpunktzahl

Addieren

1 **Zum Geburtstag gibt es eine Buttercremetorte. Anja isst $\frac{5}{12}$ von der Torte (rot), Paul $\frac{3}{12}$ (blau) und Seynep $\frac{2}{12}$ (grün). Wie viel haben alle drei zusammen gegessen?**

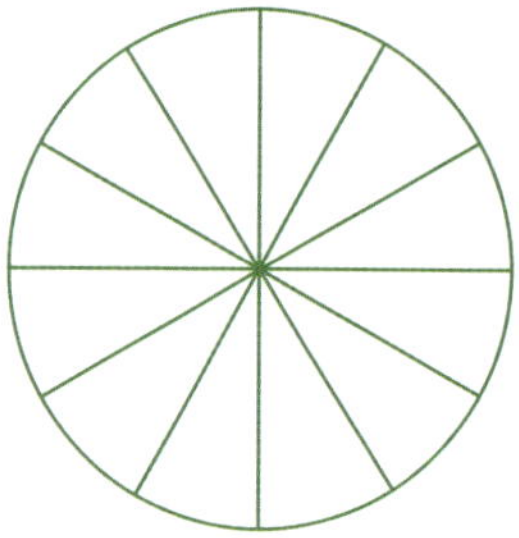

a) Färbe die Stücke in den angegebenen Farben.

b) Schreibe als Rechenaufgabe: ______

c) Nenne das Ergebnis: ______ | 3

2 **Formuliere die Regel zur Addition gleichnamiger Brüche stichwortartig.**

______ | 1

3 **Berechne die Summen. Kürze so weit wie möglich und wandle gegebenenfalls in eine gemischte Zahl um. Rechne auf einem gesonderten Blatt.**

$\frac{2}{3} + \frac{2}{3} =$ ______ $\frac{3}{8} + \frac{1}{8} =$ ______ $\frac{3}{10} + \frac{9}{10} =$ ______ $\frac{11}{9} + \frac{7}{9} =$ ______ | 4

4 **Rechne vorteilhaft im Kopf. Kürze das Ergebnis.**

$\frac{13}{70} + \frac{1}{70} + \frac{4}{70} + \frac{17}{70} =$ ______ = ______ $\frac{19}{90} + \frac{13}{90} + \frac{17}{90} + \frac{11}{90} =$ ______ = ______ | 2

5 **Bilde die Summe aus $\frac{2}{3}$, $\frac{7}{3}$, $\frac{1}{3}$ und $\frac{4}{3}$. Wie viel fehlt zum nächsten Ganzen? Rechne im Kopf und formuliere einen Antwortsatz.**

______ | 1

6 **Ulla verdünnt $\frac{1}{2}$ Liter Saft mit $\frac{3}{4}$ Liter Wasser. Wie viel Liter Getränk ergibt das?**

Britta rechnet: $\frac{1}{2} + \frac{3}{4} = \frac{4}{6} = \frac{2}{3}$ Tina rechnet: $\frac{1}{2} + \frac{3}{4} = \frac{2}{4} + \frac{3}{4} = \frac{5}{4} = 1\frac{1}{4}$

Wer hat richtig gerechnet? ____________________

Begründe: ____________________ 2

7 **Formuliere in Stichpunkten die Regel zur Addition von ungleichnamigen Brüchen.**

____

____

____________________ 1

8 **Bilde gleichnamige Brüche und rechne. Wandle in eine gemischte Zahl um.**

a) $\frac{2}{3} + \frac{3}{4} =$ ____________________ $\frac{3}{4} + \frac{2}{5} =$ ____________________ 3

b) Addiere in der Tabelle und gib den Wert der Summe gekürzt und, wenn möglich, als gemischte Zahl an.

+	$\frac{1}{2}$	$\frac{1}{3}$	$\frac{1}{4}$	$\frac{1}{6}$	$2\frac{3}{4}$
$\frac{1}{5}$					
$\frac{3}{4}$					
$\frac{5}{8}$					
$\frac{7}{4}$					

5

22–18 Punkte   17–12 Punkte   11–0 Punkte   Gesamtpunktzahl

Subtrahieren

1 Ergänze die Lücken.

$\frac{4}{7} - \frac{2}{7} = \frac{\quad}{7}$ $\quad \frac{4}{5} - \frac{3}{5} = \frac{\quad}{5}$ $\quad \frac{12}{9} - \frac{5}{9} = \frac{\quad}{\quad}$ $\quad 2\frac{1}{2} - \frac{1}{2} =$ ____ $\quad 3\frac{5}{6} - \frac{1}{6} =$ ____ [5]

2 Formuliere stichwortartig die Regel für die Subtraktion gleichnamiger Brüche.

____ [1]

3 Haben die Brüche verschiedene Nenner, wird zunächst auf den Hauptnenner erweitert. Ergänze!

$\frac{7}{8} - \frac{3}{4} = \frac{7}{8} - \frac{\quad}{8} = \frac{\quad}{\quad}$ $\quad 4\frac{4}{5} - 2\frac{1}{4} = 4\frac{\quad}{20} - 2\frac{\quad}{20} =$ ____ [3]

4 Formuliere die Regel für die Subtraktion ungleichnamiger Brüche.

____

____ [1]

5 Subtrahiere im Kopf der Reihe nach und kürze immer gleich die Zwischenergebnisse.

$\frac{27}{16} - \frac{13}{16} - \frac{1}{8} - \frac{1}{4} =$ ____ $\quad \frac{33}{18} - \frac{7}{18} - \frac{7}{9} - \frac{1}{3} =$ ____ $\quad \frac{25}{21} - \frac{13}{21} - \frac{2}{7} =$ ____ [3]

6 Subtrahiere wie im Beispiel.

Beispiel: $3 - \frac{2}{3} = 2\frac{3}{3} - \frac{2}{3} = 2\frac{1}{3}$ $\quad 8 - \frac{2}{5} =$ ____

$10 - \frac{3}{4} =$ ____ $\quad 9 - \frac{11}{15} =$ ____

$12 - \frac{6}{13} =$ ____ $\quad 23 - \frac{15}{17} =$ ____ [5]

7 **Subtrahiere wie im Beispiel. Kürze, wenn möglich.**

Beispiel: $5\frac{8}{11} - 2\frac{10}{11} = 4\frac{11+8}{11} - 2\frac{10}{11} = 2\frac{9}{11}$

$12\frac{5}{8} - 3\frac{7}{8} =$ ____________

$7\frac{18}{23} - 4\frac{22}{23} =$ ____________

$2\frac{4}{15} - 1\frac{8}{15} =$ ____________ 3

8 **Subtrahiere, mache die Brüche zuerst gleichnamig.**

$5\frac{1}{4} - 3\frac{1}{2} =$ ____________

$7\frac{3}{5} - 4\frac{5}{6} =$ ____________

$8\frac{1}{7} - \frac{1}{2} =$ ____________ 3

9 **Toms Vater streicht den Gartenzaun. Von insgesamt $15\frac{3}{4}$ m hat er heute $7\frac{7}{8}$ m geschafft. Wie viele Meter Zaun bleiben ihm für morgen?**

Rechnung: ____________

Antwort: ____________ 2

10 **Herr Süß kocht Marmelade aus $1\frac{1}{2}$ kg Johannisbeeren, $1\frac{1}{4}$ kg Rhabarber, $\frac{3}{8}$ kg Erdbeeren und $1\frac{3}{4}$ kg Zucker. Durch das Kochen verdampft $\frac{1}{2}$ kg Wasser. Wie viel Kilogramm wiegt die fertige Marmelade?**

Rechnung: ____________

____

____

Antwort: ____________

____

____

2

28–22 Punkte | 21–15 Punkte | 14–0 Punkte | Gesamtpunktzahl

Multiplizieren und dividieren

Brüche multiplizierst du, indem du die beiden Zähler und die beiden Nenner miteinander multiplizierst. Gemischte Zahlen müssen vorher in einen unechten Bruch umgewandelt werden.

1 **Marion isst $\frac{3}{2}$ Brötchen zum Frühstück, Sven hat das 3-Fache an Brötchen geschafft. Wie viele Brötchen hat Sven gegessen? Wandle das Ergebnis in eine gemischte Zahl um.**

Rechnung: $\frac{3}{2} \cdot 3 = \frac{3 \cdot 3}{2 \cdot 1} =$ ______

Antwort: ______

Ändert sich das Ergebnis, wenn du die 1 im Nenner weglässt? ______ 3

2 **Berechne die Produkte. Kürze, wenn möglich, das Ergebnis und wandle in eine gemischte Zahl um.**

a) $\frac{6}{7} \cdot 4 =$ ______ $\frac{10}{13} \cdot 6 =$ ______ $\frac{1}{3} \cdot 3 =$ ______

b) $\frac{2}{3} \cdot \frac{2}{3} = \frac{2 \cdot 2}{3 \cdot 3} =$ ______ $\frac{5}{7} \cdot \frac{1}{4} = \frac{5 \cdot 1}{7 \cdot 4} =$ ______ $\frac{10}{17} \cdot \frac{3}{2} =$ ______ 6

3 **Schreibe auf einen Bruchstrich und kürze, bevor du multiplizierst.**

$\frac{13}{9} \cdot \frac{18}{7} = \frac{13 \cdot \overset{2}{\cancel{18}}}{\underset{1}{\cancel{9}} \cdot 7} = 3\frac{5}{7}$ $2\frac{7}{10} \cdot \frac{20}{21} =$ ______ $\frac{56}{125} \cdot \frac{75}{72} =$ ______

$\frac{36}{45} \cdot \frac{60}{81} =$ ______ $\frac{56}{75} \cdot \frac{105}{84} =$ ______ $\frac{5}{8} \cdot \frac{4}{5} \cdot \frac{6}{1} =$ ______ 5

4 **Multipliziere im Kopf und kürze, wenn möglich. Gemischte Zahlen musst du vorher in einen unechten Bruch umwandeln.**

$\frac{3}{4} \cdot \frac{2}{3} =$ ______ $\frac{7}{5} \cdot \frac{5}{3} =$ ______ $\frac{3}{16} \cdot \frac{8}{9} =$ ______ $\frac{15}{4} \cdot \frac{8}{3} =$ ______

$\frac{7}{16} \cdot 24 =$ ______ $8 \cdot \frac{5}{6} =$ ______ $\frac{7}{5} \cdot 3\frac{3}{4} \cdot \frac{8}{7} =$ ______ 8

Brüche dividierst du, indem du mit dem Kehrwert des Divisors (das ist der Bruch nach dem Divisionszeichen) multiplizierst.

5 **Zwei Freundinnen teilen sich $\frac{3}{4}$ Liter Coca Cola. Wie viel bekommt jede?**

Rechnung: $\frac{3}{4} : 2 = \frac{3}{4} : \frac{2}{1} = \frac{3}{4} \cdot \frac{1}{2} =$ ______ Antwort: ______________________ | 2

6 **Berechne auf einem gesonderten Blatt. Kürze eventuell schon vor dem Ausrechnen, wandle das Ergebnis in eine gemischte Zahl um.**

a) $\frac{12}{5} : 9 =$ ______ $\frac{14}{15} : 21 =$ ______ $\frac{5}{8} : 6 =$ ______ $\frac{2}{3} : 10 =$ ______

b) $\frac{5}{24} : \frac{15}{12} =$ ______ $\frac{13}{20} : \frac{39}{40} =$ ______ $\frac{6}{5} : \frac{5}{7} =$ ______ $\frac{3}{8} : \frac{3}{8} =$ ______ | 8

7 **Hier musst du die gemischten Zahlen zuerst in einen unechten Bruch umwandeln.**

$2\frac{3}{4} : \frac{3}{8} =$ ______ $4\frac{4}{5} : 1\frac{1}{2} =$ ______ $3\frac{7}{8} : 2\frac{5}{6} =$ ______ | 3

8 **Schreibe die Ergebnisse jeweils in die leeren Felder.**

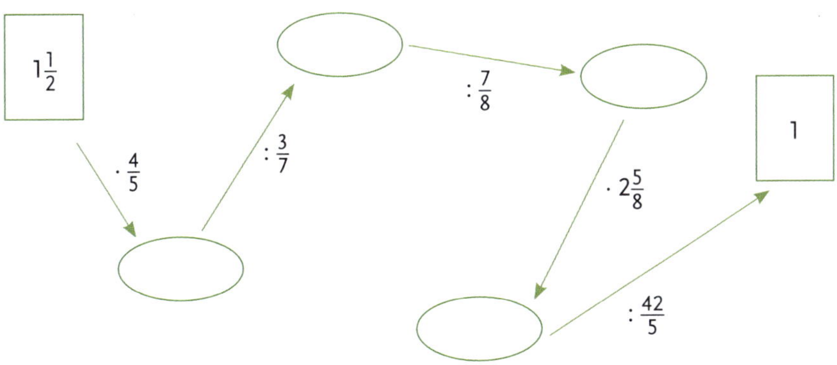

| 5

Bruch als Quotient

Den Quotienten zweier natürlicher Zahlen kannst du auch als Bruch schreiben.
Beispiel: $3 : 4 = \frac{3}{4}$ und $\frac{5}{6} = 5 : 6$

1 **3 Obstkuchen werden an 4 Personen verteilt.**

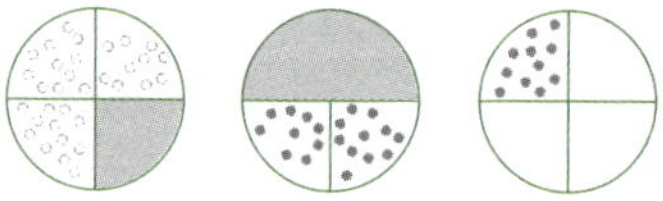

a) Welchen Anteil bekommt jeder? ______

b) Rechnung: ______

1

2 **3 Tafeln Schokolade sollen an 5 Freunde verteilt werden.**

a) Welchen Anteil bekommt jeder? ______

b) Rechnung: ______

2

3 **Schreibe die Quotienten als Bruch. Kürze und gib, wenn möglich, das Ergebnis als natürliche Zahl oder als gemischte Zahl an.**

a) $6 : 7 =$ ______ $10 : 5 =$ ______ $5 : 1 =$ ______

b) $4 : 2 =$ ______ $3 : 12 =$ ______ $8 : 24 =$ ______

c) $4 : (2 \cdot 7) = \frac{4}{2 \cdot 7} = \frac{2}{7}$ $6 : (3 \cdot 8) =$ ______ $(5 \cdot 6) : 12 =$ ______

3

4 **Schreibe den Quotienten als Bruch. Gib das Ergebnis in einer kleineren Maßeinheit an.**

$4\,m : 5 = \frac{4}{5}\,m = 80\,cm$ $3\,kg : 4 =$ ______ $2\,cm : 20 =$ ______

$4\,km : 8 =$ ______ $1\,kg : 5 =$ ______ $7\,m^2 : 10 =$ ______

5

5 **Wandle die unechten Brüche in gemischte Zahlen um. Schreibe wie im Beispiel und kürze, wenn möglich, das Ergebnis.**

Beispiele: a) $\frac{7}{5} = 7 : 5 = 1 + 2 : 5 = 1\frac{2}{5}$ b) $\frac{50}{8} = 50 : 8 = 6 + \frac{2}{8} = 6\frac{2}{8} = 6\frac{1}{4}$

a) $\frac{29}{7} =$ ______ $\frac{85}{9} =$ ______

b) $\frac{34}{10} =$ ______ $\frac{86}{12} =$ ______ [ ] 4

6 **Wandle die unechten Brüche ohne Zwischenrechnung in gemischte Zahlen um. Vergiss das Kürzen nicht.**

a) $\frac{85}{7} =$ ______ $\frac{70}{13} =$ ______ $\frac{155}{100} =$ ______ $\frac{65}{15} =$ ______

b) $\frac{112}{9} =$ ______ $\frac{100}{16} =$ ______ $\frac{178}{25} =$ ______ $\frac{140}{15} =$ ______ [ ] 8

7 **Wandle die gemischten Zahlen in unechte Brüche um.**

Rechne so: $3\frac{3}{4} = \frac{4 \cdot 3 + 3}{4} = \frac{12 + 3}{4} = \frac{15}{4}$

oder für den Zähler: $4 \cdot 3 + 3 = 15$, *Nenner bleibt:* 4

a) $5\frac{2}{7} =$ ______ $8\frac{9}{10} =$ ______ $12\frac{2}{9} =$ ______ $15\frac{7}{8} =$ ______

b) $10\frac{3}{4} =$ ______ $11\frac{1}{2} =$ ______ $3\frac{12}{15} =$ ______ $1\frac{23}{25} =$ ______ [ ] 8

8 **Schreibe die natürliche Zahl als Bruch. Gib drei Möglichkeiten an.**

3 = ______ 1 = ______ 5 = ______ [ ] 3

[ ] 34–26 Punkte 25–18 Punkte 17–0 Punkte [ ] Gesamtpunktzahl

Bruch und Dezimalbruch

1 **Schreibe wie im Beispiel, den Dezimalbruch zuerst als Bruch, und trage dann den Dezimalbruch in die erweiterte Stellentafel (z: Zehntel, h: Hundertstel, t: Tausendstel) ein.**

H	Z	E	,	z	h	t	
		4	*,*	*3*	*5*	*0*	*m*

Beispiel:
$4{,}35\ m = 4\ m + \frac{3}{10}\ m + \frac{5}{100}\ m = 4\frac{35}{100}\ m$

18,48 m = ____________________

35,078 km = ____________________

120,3 m = ____________________

66,437 kg = ____________________

| 4

2 **Schreibe als Dezimalzahl.**

2 Ganze und 4 Zehntel sind 2,4 und
2 Ganze und 4 Hundertstel sind 2,04.

a) $2\frac{3}{10} =$ ______ $3\frac{7}{100} =$ ______

b) $\frac{14}{100} =$ ______ $32\frac{365}{1000} =$ ______

c) $\frac{1}{1000} =$ ______ $\frac{9}{100} =$ ______ $\frac{54}{1000} =$ ______ $33\frac{1}{100} =$ ______

| 8

3 **Forme die Brüche durch Erweitern oder Kürzen so um, dass eine Stufenzahl (1, 10, 100, 1 000 ...) im Nenner steht. Schreibe dann als Dezimalbruch.**

a) $\frac{3}{20} = \frac{15}{100} =$ ______ $3\frac{4}{5} = 3$ ______ = ______ $1\frac{3}{4} = 1$ ______ = ______

b) $\frac{7}{25} =$ ______ = ______ $15\frac{6}{8} = 15$ ______ = ______ $56\frac{3}{12} = 56$ ______ = ______

| 6

4 **Forme die Dezimalzahlen in Brüche um. Kürze, wenn möglich.**

a) 3,4 $= 3\frac{4}{10} = 3\frac{2}{5}$ 4,25 = ______ 65,002 = ______

b) 6,250 = ______ 0,45 = ______ 0,012 = ______

5

5 **Ein Lernplakat mit wichtigen Brüchen. Lerne sie auswendig. Ergänze die fehlenden Brüche.**

$0{,}2 = \frac{1}{5}$ 0,4 = ______

0,6 = ______ 0,8 = ______

$0{,}25 = \frac{1}{4}$ 0,75 = ______

$0{,}125 = \frac{1}{8}$ 0,375 = ______

0,625 = ______ 0,875 = ______

2

6

a) **Trage „=“ in das Feld ein, wenn die Zahlen gleich groß sind.**

	0,040	0,04	4	$\frac{4}{10}$	$\frac{4}{1\,000}$
4,0			=		
0,40					
0,04					
0,004					
0,4					

b) **Durch Anfügen von Nullen nach dem Komma ändert sich bei Dezimalzahlen der Wert nicht. Ergänze.**

1,5 m = 1,50 m = 1,500 m

0,3 cm = ______ = ______

6,08 kg = ______ = ______

9

7 **Streiche alle überflüssigen Nullen durch:**

00,3460 3,8700 6,0080

1

35–27 Punkte 26–18 Punkte 17–0 Punkte Gesamtpunktzahl

Darstellen und ordnen

1 Welche Dezimalzahlen sind auf den beiden Zahlenstrahlen markiert?

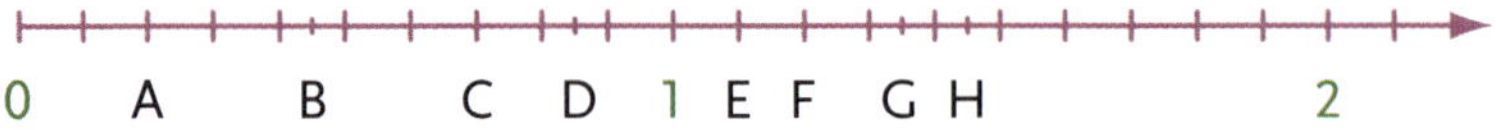

A = ______ B = ______ C = ______ D = ______

E = ______ F = ______ G = ______ H = ______

I = ______ J = ______ K = ______ L = ______

M = ______ N = ______ O = ______ P = ______

16

2 Welche Temperaturen sind auf dem Thermometer markiert?

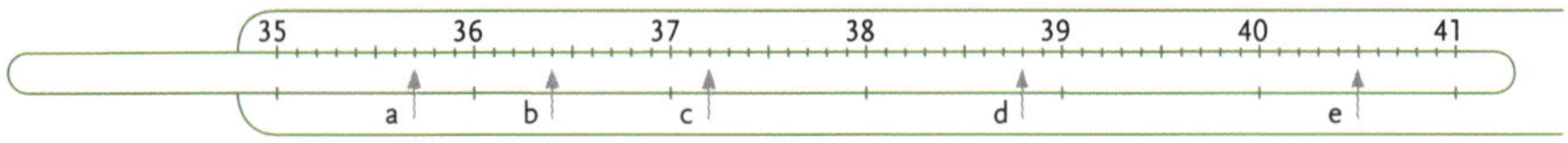

a = ______ b = ______ c = ______ d = ______ e = ______

4

3 Kleiner < , größer > oder gleich =?

a) 3,78 ☐ 3,87 6,03 ☐ 6,04 10,345 ☐ 10,340 0,02 ☐ 0,022

b) $\frac{1}{4}$ ☐ 0,33 7,4 ☐ $7\frac{3}{5}$ 0,5543 ☐ 00,5545 0,50 ☐ $\frac{1}{2}$

8

4 Gib zwei Dezimalzahlen an, die zwischen den angegebenen Zahlen liegen.

0,45 < ______ < ______ < 0,47

18,01 < ______ < ______ < 18,1

2

5 **Suche in der Rasterfläche die Dezimalzahl aus, die genau in der Mitte zwischen den angegebenen Zahlen liegt, und trage sie ein.**

1,2 < ____________ < 1,3

0,344 < ____________ < 0,345

0,01 < ____________ < 0,02

8,767 < ____________ < 8,768

1,25	1,23	0,5	8,777
0,3345	8,867	1,205	
0,011	8,7675	0,015	
0,34445	9,767	0,3445	

4

6 **Ordne die Dezimalzahlen der Größe nach.**

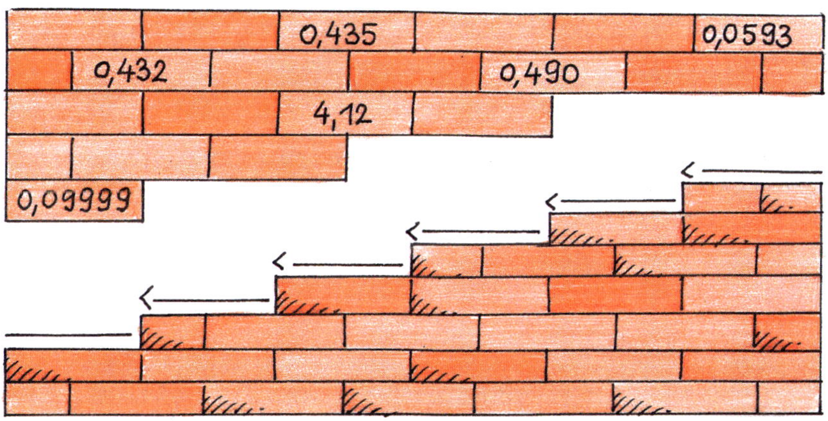

6

7 **Bilde aus den Ziffern 1, 2 und 3 alle möglichen Dezimalzahlen mit zwei Dezimalen. Benutze jeweils die Zahlen nur einmal.**

________, ________, ________, ________, ________, ________

Ordne sie der Größe nach.

________ < ________ < ________ < ________ < ________ < ________

2

42–33 Punkte

32–21 Punkte

21–0 Punkte

Gesamtpunktzahl

Runden

Regel: Unterstreiche die Stelle, auf die gerundet werden soll (Rundungsstelle). Folgen auf diese Stelle als nächste Stelle die Ziffern 0, 1, 2, 3 oder 4, veränderst du die Rundungsstelle nicht.
Folgen auf diese Stelle als nächste Ziffer 5, 6, 7, 8 oder 9, erhöhst du die Rundungsstelle um 1.

1 Runde auf eine Stelle hinter dem Komma. Unterstreiche die Rundungsstelle.

a) 34,65 ≈ 34,7 b) 3,445 ≈ ______ c) 0,85 ≈ ______ [ ] 2

2 Runde auf zwei Stellen hinter dem Komma.

a) 3,217 ≈ ______ b) 55,533 ≈ ______ c) 2,674 ≈ ______ [ ] 3

3 Runde auf drei Stellen hinter dem Komma.

a) 7,3289 ≈ ______ b) 12,0654 ≈ ______ [ ] 2

4 Gib den Stellenwert der unterstrichenen Rundungsstelle an und runde auf diese Stelle.

a) 143,579 *Hundertstel* *143,58*

b) 8 654,5743 ______ ______

c) 700,531604 ______ ______

d) 675,2439 ______ ______

e) 23,7 ______ ______

f) 46,32 ______ ______ [ ] 3

5 Der Notendurchschnitt einer Klassenarbeit beträgt 3,45.

Runde auf eine Dezimale. ______ [ ] 1

6 Fülle die Tabelle aus.

Runde	... auf eine Dezimale	... auf zwei Dezimalen	... auf drei Dezimalen
3,4528	≈	≈ 3,45	≈
173,00995	≈	≈	≈
0,02543	≈	≈	≈
4,9995	≈	≈	≈
22,5766	≈	≈	≈
1,32042	≈	≈	≈

3

7 Runde auf ganze Zahlen in der angegebene Einheit.

a) 3,25 kg ≈ ______ kg

b) 5 800,5 g ≈ ______ kg

c) 6,56 m ≈ ______ dm

d) 756,2 cm ≈ ______ m

e) 165,45 dm² ≈ ______ m²

f) 87,452 a ≈ ______ m²

6

8 Ein Gemüsehändler musste rund 234,2 kg Gemüse vernichten, weil in seinem Kühlraum die Kühlung ausfiel.
Schreibe alle Dezimalzahlen mit zwei Dezimalen, die auf die obige Zahl gerundet werden können.

______, ______, ______, ______, ______, ______, ______,

______, ______, ______

2

9 Runde auf zwei Dezimalen und berechne den Rundungsfehler.

a) 5,245 ≈ 5,25 Rundungsfehler: 5,25 − 5,245 = 0,005

b) 1,424 ≈ ______ Rundungsfehler: ______

c) 17,287 ≈ ______ Rundungsfehler: ______

d) 0,329 ≈ ______ Rundungsfehler: ______

3

25–20 Punkte | 19–13 Punkte | 12–0 Punkte | Gesamtpunktzahl

Addieren und subtrahieren

1 **Ergänze die Dezimalzahlen durch Nullen auf die gleiche Anzahl der Dezimalen und rechne.**

	4 067,003
–	943,5

	5,403
	27,2
	6,09
+	0,408

	8 756,72
–	557,019

	673,92
	1 200,8
	544,0
+	65,36

4

2 **Schreibe stellengerecht untereinander und berechne.**

a) 13,3 + 29,43 b) 8,54 + 6,78 c) 0,763 + 0,051 d) 38,03 + 2,2 + 0,5

4

3 **Schreibe stellengerecht untereinander und berechne.**

a) 53,98 – 23,9 b) 9,44 – 3,94 c) 0,654 – 0,057 d) 23,9 – 3,76 – 4,9

4

4 **Berechne im Kopf und schreibe die Ergebnisse auf.**

a) 2,3 + 3,2 = ______ b) 8,7 + 0,8 = ______ c) 7,3 + 7,3 = ______

d) 3,5 − 0,5 = ______ e) 3,2 − 3,1 = ______ f) 0,45 − 0,15 = ______

| 6

5 **Frau Spar hat auf ihrem Konto 798,35 €. Sie gewinnt in der Lotterie 2 365,60 € und kauft sich einen Kühlschrank für 360,99 €. Wie viel Geld hat sie danach auf ihrem Konto?**

Rechnung: ______________________

Antwort: ______________________

| 2

6 **Jede Zahl im linken Kreis ergibt durch Addition einer Zahl im rechten Kreis die Zahl 2.**

Linker Kreis: 0,1203; 1,863; 1,473; 0,2748

Rechter Kreis: 1,7252; 0,137; 0,527; 1,5797

| 4

Notiere die Aufgaben:

______ + ______ = 2 ______ + ______ = 2

______ + ______ = 2 ______ + ______ = 2

7 **Subtrahiere 99,09 von der Summe der Zahlen 243,32 und 23,07. Schreibe zuerst einen Term mit Klammer, berechne dann das Ergebnis.**

Term: ______________________ Ergebnis: ______________________

| 2

26–21 Punkte | 20–15 Punkte | 14–0 Punkte | Gesamtpunktzahl

Multiplizieren

Eine Dezimalzahl multiplizierst du mit 10, 100, 1 000 ..., indem du das Komma um 1, 2, 3 ... Stellen nach *rechts* verschiebst.

Beispiele: 4,75 · 10 = 47,5 34,09 · 100 = 3 409,0 = 3 409

1 Multipliziere.

a) 0,256 · 10 = ______ 12,5 · 10 = ______ 456,88 · 10 = ______

b) 0,256 · 100 = ______ 12,5 · 100 = ______ 456,88 · 100 = ______

c) 0,0034 · 1 000 = ______ 336,0012 · 1 000 = ______ [ ] 8

2 Fülle die Lücken aus.

a) 0,087 · ______ = 0,87 100 · ______ = 555,43 3,4 · ______ = 340

b) 4,43 · ______ = 4 430 0,966 · ______ = 96,6 ______ · 10 = 4,2 [ ] 6

Multiplizieren von Dezimalzahlen: 1,4 · 0,8
- Rechne zuerst ohne Komma → 14 · 8 = 112
- Zähle die Dezimalen der Faktoren → 2
- Setze im Ergebnis das Komma so, dass es genauso viele Dezimalen hat wie die Faktoren zusammen. → 1,12

3 Rechne im Kopf. Schreibe das Ergebnis auf.

a) 0,3 · 3 = ______ 1,2 · 0,3 = ______ 0,09 · 1,3 = ______ 2,5 · 4 = ______

b) 3,6 · 0,2 = ______ 0,4 · 0,4 = ______ 6 · 0,1 = ______ 20 · 1,4 = ______ [ ] 8

4 Gib die Anzahl (A) der Dezimalen (Kommastellen) im Ergebnis an.

a) 23,76 · 34,7 A: ______ b) 2,098 · 4,56 A: ______ c) 0,09 · 12 A: ______ [ ] 3

5 **Setze das richtige Zeichen (<, =, >) ein.**

130 · 0,13 ______ 1,3 · 1,3 2,4 · 0,02 ______ 0,024 · 20

250 · 0,04 ______ 0,1 · 11 2,5 · 0,25 ______ 625 · 0,001

[ ] 2

6 **Multipliziere schriftlich und überprüfe durch eine Überschlagsrechnung.**

a) b) c)

	4,	3	·	2,	6			8,	0	3	·	0,	6		5	4,	6	·	2	7	

Überschlag:

a) ______________ b) ______________ c) ______________

[ ] 3

7 **Berechne das erste Produkt a) und schreibe für die anderen b) und c) nur das Ergebnis auf.**

a) b) c)

6	4	5,	3	·	4	2			6	4,	5	3	·	4,	2			6,	4	5	3	·	4,	2

[ ] 3

8 **Stelle einen Term auf, rechne dann.**

Subtrahiere von dem Produkt aus 5,5 und 1,2 die Summe aus 1,07 und 2,3.
Denke an die Rechenregeln und die Klammern.

____

[ ] 2

[ ] 35–27 Punkte 27–18 Punkte 19–0 Punkte [ ] Gesamtpunktzahl

Dividieren

Eine Dezimalzahl dividierst du durch 10, 100, 1 000 ..., indem du das Komma um 1, 2, 3 ... Stellen nach *links* verschiebst.
Beispiele: 234,8 : 10 = 23,48 234,8 : 100 = 2,348 0,9 : 10 = 0,09

1 Rechne im Kopf.

a) 7,51 : 10 = ______ 753,8 : 100 = ______ 2,51 : 10 = ______

b) 8 096,5 : 1 000 = ______ 66,76 : 1 000 = ______ 0,03 : 10 = ______ 6

2 Fülle die Lücken aus.

a) 55,2 : ______ = 5,52 6,78 : ______ = 0,0678 25 : ______ = 0,25

b) 1234,56 : ______ = 1,23456 0,3 : ______ = 0,03 2 : ______ = 0,2 6

Setze beim Dividieren einer Dezimalzahl durch eine natürliche Zahl das Komma im Ergebnis dann, wenn du das Komma im Dividenden überschreitest. Ergänze, wenn nötig, Nullen.

3 Sieh dir die Beispiele an und berechne die Aufgaben.

2	2,	5	:	1	5	=	1,	5				0,	9	:	2	=	0,	4	5		
1	5												8								
	7	5											1	0							
	7	5											1	0							
		0												0							
3,	8	7	:	3	=					1	1	1,	6	:	2	5	=				

2

Beim Dividieren durch eine Dezimalzahl musst du den Divisor in eine natürliche Zahl umwandeln: Du verschiebst vor der Division in beiden Zahlen das Komma um so viele Stellen nach rechts, bis der Divisor eine natürliche Zahl wird.

4 **Wandle den Divisor in eine natürliche Zahl um.**

Beispiele: 5,12 : 3,2 = 51,2 : 32   10,23 : 0,55 = 1023 : 55

a) 27,072 : 4,8 = ______ : ______   0,713 : 0,004 = ______ : ______

b) 1,6 : 0,07 = ______ : ______   1,83 : 0,5 = ______ : ______

c) 55 : 0,5 = ______ : ______   433 : 0,55 = ______ : ______   3

5 **Dividiere schriftlich.**

a)

1	1,	3	4	:	0,	9	=
1	1	3,	4	:	9		–

b)

3	7,	2	3	:	1,	7	=

2

6 **Kettenrechnung. Rechne fortlaufend im Kopf.**

1 000 : 500 : 0,5 : 40 : 0,01 : 200 : 0,5 : 0,0001 = ____________   6

7 **Berechne den Term: 4,3 : (70 + 16) =** ____________   1

26–21 Punkte   20–15 Punkte   14–0 Punkte   Gesamtpunktzahl

Terme berechnen

1 **Bernd trinkt in einer Woche 6 Flaschen Limonade. Jede Flasche enthält 0,7 Liter. Wie viele Liter Limonade hat er getrunken?**

Rechnung: ....

Antwort: 2

2 **Ein Buch hat 225 Seiten. 75 Seiten sind 10,5 mm dick.**

a) Berechne die Dicke eines Blattes.

Rechnung: ....

Antwort: 2

b) Wie dick ist das ganze Buch? Gib in cm an.

Rechnung: ....

Antwort: 2

3 **Ein rechteckiger Spielplatz mit der Länge 26,5 m und der Breite 17,7 m soll eingezäunt werden. Wie viele Meter Zaun werden benötigt?**

Rechnung: ....

Antwort: 2

4 **In einem Bücherregal stehen 345 Bücher. Ein Buch wiegt durchschnittlich 0,66 kg. Berechne das Gesamtgewicht.**

Rechnung: ....

Antwort: 2

5 **Wandle durch Division in eine Dezimalzahl um.**
Runde auf zwei Dezimalen.

a) $\frac{3}{7} = 3 : 7 = 0,$ ______ b) $\frac{5}{12} = 5 : 12 =$ ______ c) $\frac{2}{6} =$ ______ | 3

6 **Berechne die Terme.**
Beachte die Rechenregeln! Schreibe die Rechenschritte untereinander, achte auf eine übersichtliche Schreibweise.

a) $6{,}7 - (1{,}7 + 3{,}5) =$
$6{,}7 - 5{,}2 = 1{,}5$

b) $(3{,}4 - 2{,}1) + (2{,}75 - 1{,}84) =$

______

______

c) $0{,}8 \cdot 1{,}4 - 0{,}75 =$

______

______

d) $1{,}5 - 1{,}25 : 25 =$

______

______

e) $(4{,}53 : 3 + 0{,}93) : 4 =$

______

______

f) $5 \cdot (12{,}32 : 4 + 23{,}5 : 5) - 4{,}8 =$

______

______

______ | 5

7 **Schreibe zuerst den Term mit Klammern, berechne dann.**

a) Dividiere die Summe aus 3,9 und 5,7 durch 3 und addiere dann 6,7.

______

b) Addiere zur Summe der Zahlen 128,43 und 47,1 die Differenz dieser Zahlen.

______ | 4

22–17 Punkte | 16–11 Punkte | 10–0 Punkte | Gesamtpunktzahl

Winkel zeichnen und messen

1 Nenne die Art der Winkel und schätze die Größe der Winkel.

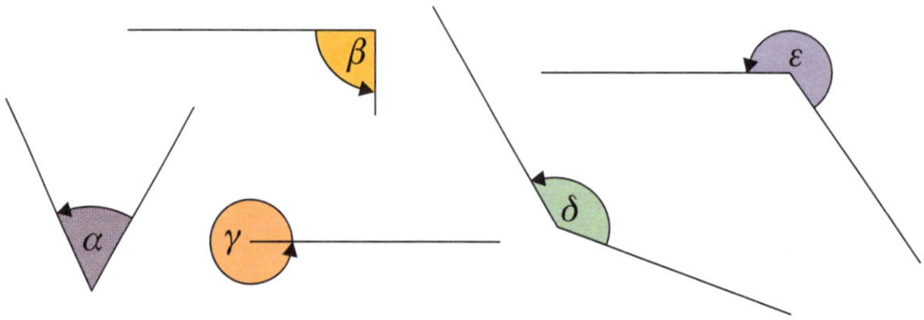

Winkel	alpha α	beta β	gamma γ	delta δ	epsilon ε
Winkelart	*spitz*				
Schätzung					

5

2 Markiere durch einen farbigen Bogen:

Alle 90°-Winkel blau,
alle 60°-Winkel rot und
alle 30°-Winkel grün.

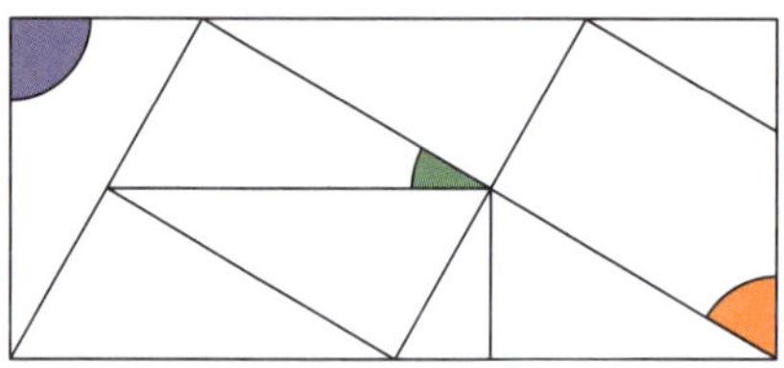

3

3 Wie groß sind die Winkel?

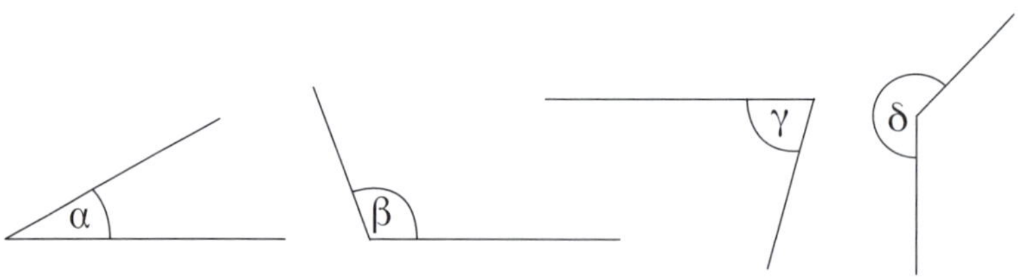

Winkel	α	β	γ	δ
Geschätzt				
Gemessen				

4

4 **Miss die drei Winkel in dem Dreieck und addiere die Winkelgrößen.**

a)
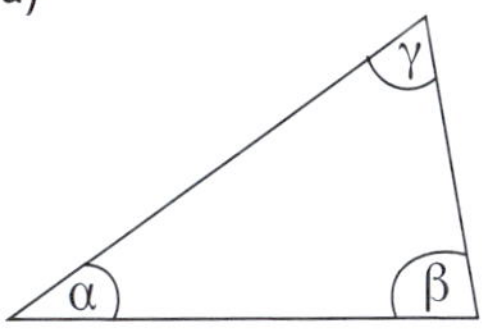

b)
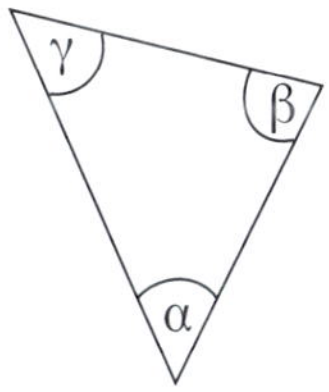

c)
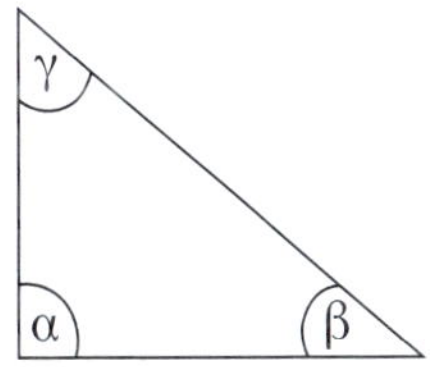

	α	β	γ	Summe
Dreieck a)				
Dreieck b)				
Dreieck c)				

4

5 **Berechne den Winkel α mithilfe des gestreckten Winkels. Rechne im Kopf, notiere das Ergebnis.**

Beispiel: α = 180° − 40° = 140°
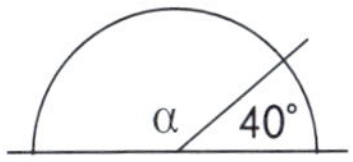

a)
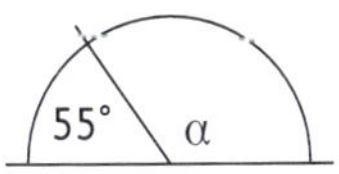

α = ...

b)
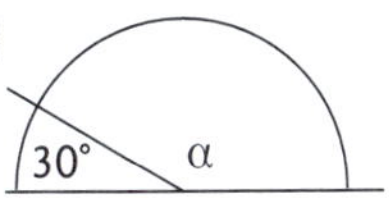

α = ...

c)
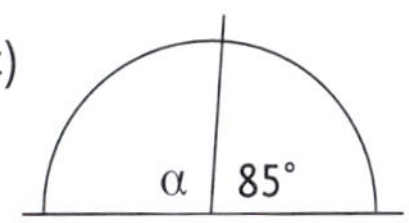

α = ...

4

6 **Zeichne die Winkel ausgehend vom vorgegebenen 1. Schenkel.**

45°

75°

225°

130°

4

Kreis und Winkel

1 **a) Zeichne den Kreis um M durch den Punkt P.**

b) Zeichne den Radius r und den Durchmesser d ein.

x P

x M

c) Miss die Länge von Radius ______________

und Durchmesser ______________

3

2 **Ergänze die Tabelle.**

d	12,4 cm		6 mm		3,5 cm
r		4,6 cm		10,5 cm	

5

3 **Zeichne zwei Kreise, die sich in zwei Punkten schneiden.**

2

4 **Zeichne einen Kreis mit einem Durchmesser von 3 cm.**
Zeichne ein Rechteck, dessen Ecken auf dem Kreis liegen und dessen eine Seite a = 2,5 cm lang ist. Wie lang ist die Seite b?

2

5 **Bestimme die Größe.**

a) $\frac{3}{4}$ eines Vollwinkels: ________ $\frac{5}{6}$ eines Vollwinkels: ________

b) $\frac{4}{9}$ eines Vollwinkels: ________ $\frac{3}{5}$ eines Vollwinkels: ________

4

6 **Eine Torte wird in 3 gleich große Stücke geteilt. Wie groß ist der Winkel an der Spitze der Tortenstücke?**

Skizze: Rechnung: ______________________

______________________ 2

7 **Bei einer anderen Torte beträgt der Winkel an der Spitze eines Stücks 30°. In wie viele Stücke wurde die Torte geteilt?**

____ 1

8 **Welchen Winkel überstreicht der Minutenzeiger einer Uhr?**

in 1 h: ______ in 15 min: ________ in 30 min: ________ in 45 min: ______ 4

9 a) **Welchen Winkel überstreicht der Minutenzeiger in 1 Minute?**

____

b) **Welchen Winkel überstreicht er in 1 Sekunde?**

____ 2

10 **Wie groß ist der Winkel, den der Stundenzeiger überstreicht?**

in 1 h: ______ in 3 h: ________ in 6 h: ________ in 4 h: ________ 4

11 **Kleine Winkelmaße sind die Winkelminute 1' und die Winkelsekunde 1":**
1° = 60' und 1' = 60".
Gib in der nächstkleineren Einheit an:

12° = ________ 0,5° = ____________ 2' = ________ 1,4" = ________ 4

33–26 Punkte 25–17 Punkte 16–0 Punkte Gesamtpunktzahl

Oberflächeninhalt

1 **Rosel will eine quaderförmige Schachtel mit Klappdeckel mit einem ziemlich teuren Stoff bekleben. Die Schachtel ist 14 cm lang, 8 cm breit und 3 cm hoch. Rechne aus, wie viel Stoff sie dafür benötigt. Das Netz der Schachtel hilft dir dabei.**

Alle Flächen kommen doppelt vor!

Flächeninhalt Rechteck:
A = Länge · Breite

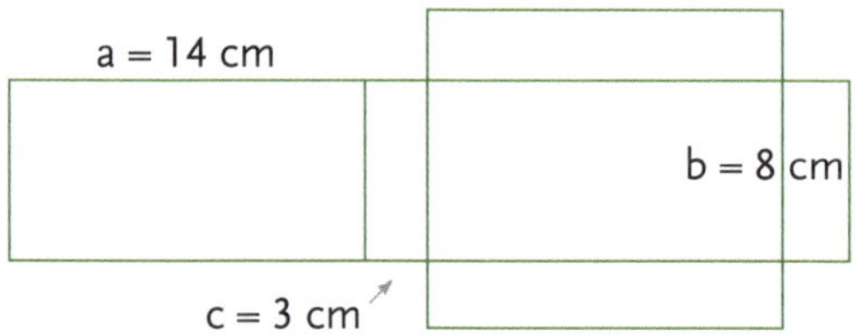

Grundfläche + obere Fläche: $2 \cdot a \cdot b =$ *2 · (14 cm · 8 cm) = 224 cm²*

Rechte + linke Seitenfläche: $2 \cdot b \cdot c =$ ______

Vordere + hintere Seitenfläche: $2 \cdot a \cdot c =$ ______

Oberfläche insgesamt: ______

Antwort: ______ 4

2 **Ordne jedem Netz einen Quader zu. Orientiere dich an den Zeichen.**

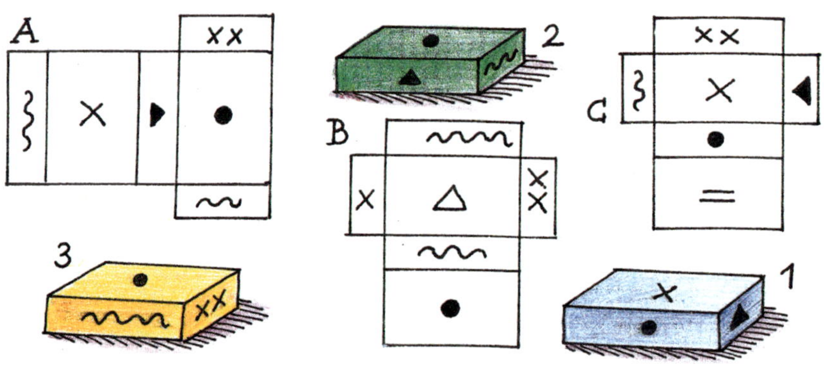

A = ______ B = ______ C = ______ 3

3 **Bestimme den Oberflächeninhalt.**

a) Quader mit einer Länge von 3,5 cm, einer Breite von 2 cm und einer Höhe von 1,5 cm

b) Würfel mit 2 cm langen Kanten

____

____

____

2

4 **Ergänze in der Tabelle die Angaben für einen Quader.**

Länge	Breite	Höhe	Oberflächeninhalt	Volumen
4 m	3,1 m	0,7 m		
40 cm	0,4 m	4 dm		
5 m	0,6 m	2 m		
10 m	10 m	10 m		

8

5 **Das Siegerpodest und die Brücke bestehen aus Würfeln mit der Kantenlänge 5 cm. Wie groß ist der Oberflächeninhalt?**

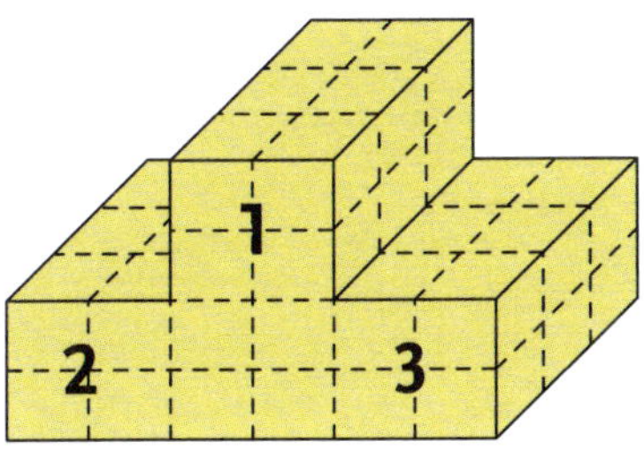

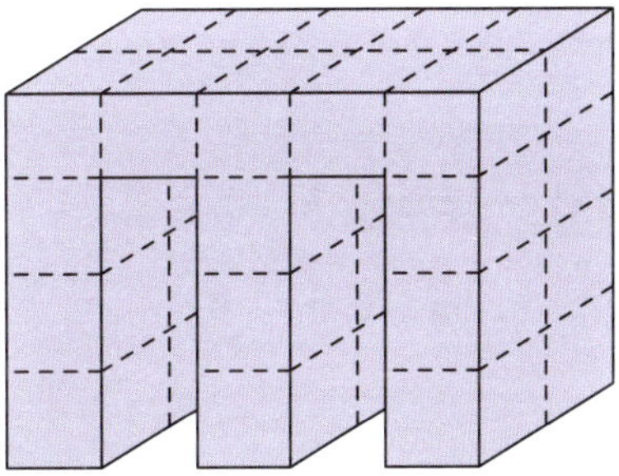

Siegerpodest: O = __________ cm^2

Brücke: O = __________ cm^2

4

21–16 Punkte

15–11 Punkte

10–0 Punkte

Gesamtpunktzahl

Rauminhalt

1 **Erläutere an einem rechteckigen Zimmer den Unterschied zwischen einer Länge, einem Flächeninhalt (Fläche) und einem Rauminhalt (Volumen).**

Länge: ....

Fläche: ....

Volumen: .... | 3

2 **Jeder Körper ist aus Würfeln mit einem Volumen von 1 dm^3 gebaut. Welcher Körper hat den größeren Rauminhalt?**

Körper 1 besteht aus ...... Würfeln, das ergibt .... dm^3.

Körper 2 besteht aus ...... Würfeln, das ergibt .... dm^3.

Körper ...... hat also den größeren Rauminhalt. | 3

3 **Wie viel dm^3 passen in 1 m^3?**

Rechne: 10 dm · 10 dm · 10 dm = ... dm^3 | 3

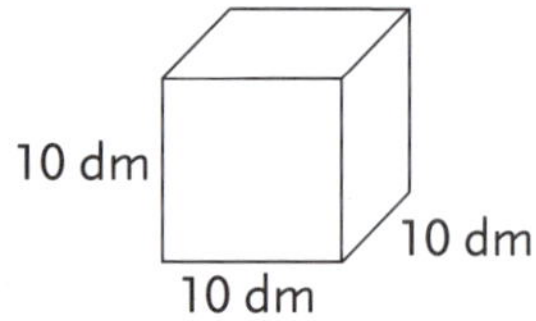

4 **Ergänze:** 1 m^3 = ... dm^3, 1 dm^3 = ... cm^3, 1 cm^3 = ... mm^3 | 1

5 **Wandle in die nächstkleinere Einheit um.**

13 m^3 = ... 3,23 dm^3 = ... 0,07 cm^3 = ... | 3

Volumen eines Quaders:

Länge mal Breite mal Höhe
$V = a \cdot b \cdot c$

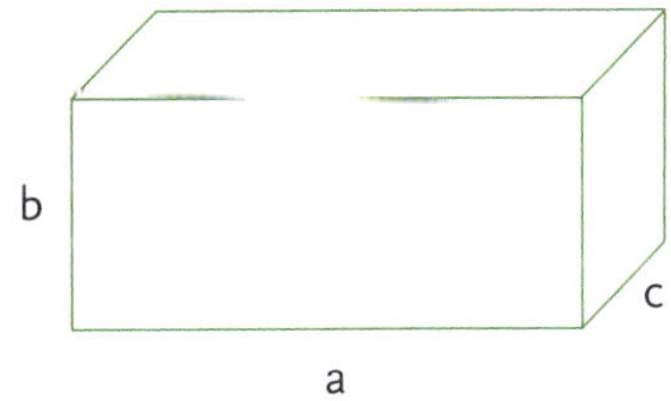

6 **Begründe: Für das Volumen eines Würfels gilt $V = a \cdot a \cdot a$.**

______________________________ 1

7 **Ein Spielfeld für Beach-Volleyball ist 16 m breit und 25 m lang.**
Wie viel m^3 Sand werden benötigt, wenn der Sand 35 cm hoch aufgeschüttet werden soll?
Ein Lkw kann 28 m^3 Sand transportieren. Wie viele Lkw-Transporte müssen eingesetzt werden?

Rechnung: ______________________________

____

Antwort: ______________________________ 3

8 **Ein würfelförmiges Aquarium mit der Kantenlänge 45 cm wird zu $\frac{2}{3}$ mit Wasser aufgefüllt. Wie viel dm^3 Wasser sind das?**

Fertige eine Skizze an:

Rechnung: ______________________________

____

Antwort: ______________________________ 3

20–17 Punkte | 16–11 Punkte | 10–0 Punkte | Gesamtpunktzahl

Häufigkeiten

1 **Ulrike schoss bei ihren letzten 5 Fußballspielen 4 Tore, Bernd schoss bei den letzten 10 Spielen 6 Tore und Ulla schoss bei den letzten 4 Spielen 2 Tore.**

	Ulrike	**Bernd**	**Ulla**
Absolute Häufigkeit der Tore	4		
Relative Häufigkeit der Tore	$\frac{4}{5} = 0,8$		

Wer hat, bezogen auf die Anzahl der Spiele, die meisten Tore geschossen?

.... 2

2 **Beim Würfeln gab es folgende Ergebnisse.**

Inge: 3 4 3 6 1 Bärbel: 4 4 5 2 2 Günther: 6 2 2 1 6 Wolfgang: 1 3 4 4 6

Bestimme die absoluten und relativen Häufigkeiten der Augenzahlen.

	1	**2**	**3**	**4**	**5**	**6**
Absolute Häufigkeit						
Relative Häufigkeit						

2

3 **In einer 6. Klasse wurde eine Umfrage zum Lieblingsessen gemacht. Gib die relative Häufigkeit in % an.**
Hinweis: $1\,\% = \frac{1}{100}$

Lieblingsessen	**Pommes**	**Schnitzel**	**Pizza**
Anzahl	𝍸 IIII	𝍸 I	𝍸 𝍸 𝍸
Relative Häufigkeit in %	$\frac{9}{30} = \frac{30}{100} = 30\,\%$		

3

4 **120 Familien wurden nach ihrem diesjährigen Urlaubsziel gefragt. Das Ergebnis wurde in dem folgenden Diagramm dargestellt.**

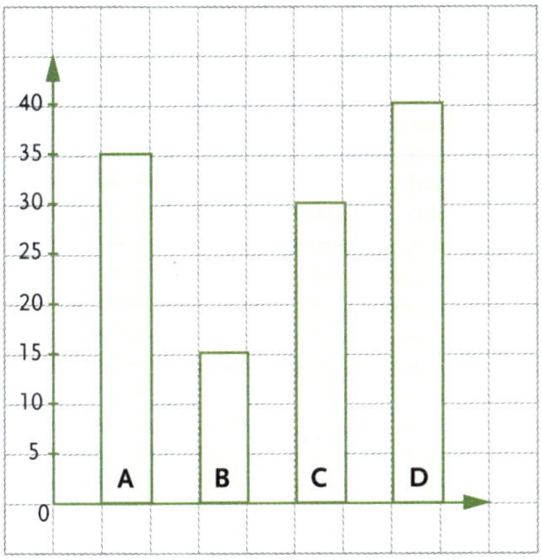

	Absolute Häufigkeit	Relative Häufigkeit
Österreich		
Frankreich		
Türkei		
Holland		

A = Österreich, B = Frankreich, C = Türkei, D = Holland

Lies die absoluten Häufigkeiten ab und berechne die relativen Häufigkeiten in Prozent. Schreibe die Ergebnisse in die Tabelle (runde auf ganze Prozentwerte). 8

5 **160 Schülerinnen und Schüler wurden nach ihrer beliebtesten Freizeitgestaltung befragt. Erstelle ein Kreisdiagramm.**

Hinweis: 100 % entsprechen einem Winkel von 360°.
1 % entspricht einem Winkel von 360° : 100 = 3,6°.

Rechne zuerst die Prozentangaben in Winkelmaße um.

	Relative Häufigkeit	Winkelmaß
Sport (S)	55 %	
Computer (C)	30 %	
Lesen (L)	10 %	
Kochen (K)	5 %	

5

20–16 Punkte | 15–11 Punkte | 10–0 Punkte | Gesamtpunktzahl

Mittelwerte

1 **Nach der Benotung einer Parallel-Klassenarbeit in den Klassen 6a und 6b ergaben sich folgende Notenverteilungen:**

Klasse 6a

Note	**1**	**2**	**3**	**4**	**5**	**6**
Anzahl	2	5	9	8	2	1
Relative Häufigkeit						

Klasse 6b

Note	**1**	**2**	**3**	**4**	**5**	**6**
Anzahl	1	7	10	6	1	2
Relative Häufigkeit						

Die Schülerinnen und Schüler der Klasse 6b meinen, dass in ihrer Klasse die Klassenarbeit besser ausgefallen sei.

a) Berechne den Mittelwert der Noten für beide Klassen.

Klasse 6a: 2 + 10 + 27 + 32 + 10 + 6 = ________ *: 27 ≈* ________

Klasse 6b: ____________________

Antwort: ____________________

b) Berechne für jede Notenstufe die relative Häufigkeit und gib sie in Prozent an. Trage die Werte in die Tabelle oben ein. Runde auf ganze Prozentwerte. 6

c) Veranschauliche die relativen Häufigkeiten in geeigneten Säulendiagrammen.

Klasse 6a

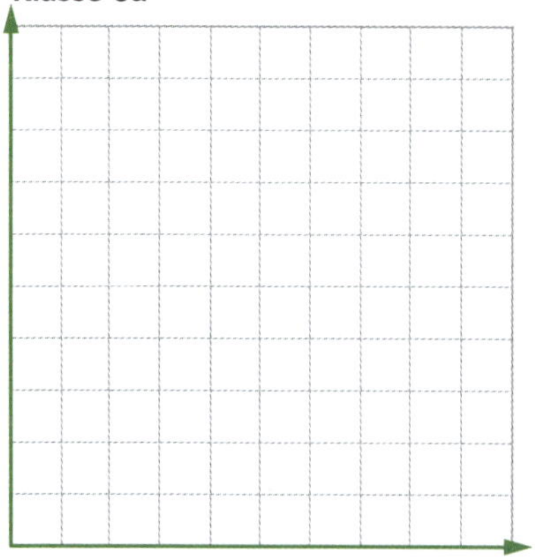

Klasse 6b

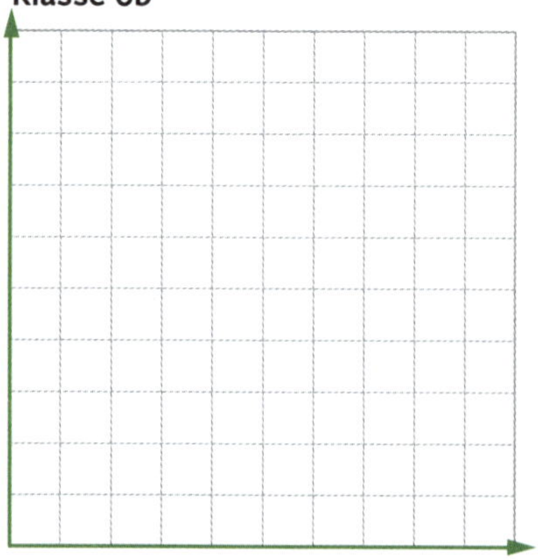

4

Der Zentralwert (Median) ist der Wert in der Mitte der nach Größe geordneten Liste der Daten. Bei einer geraden Anzahl von Werten bestimmt man den Mittelwert der beiden Werte in der Mitte.

2 **Bestimme den Mittelwert und den Zentralwert (Median) der Schuhgrößen folgender Schülerinnen. Runde auf 1 Dezimale.**

	Julia	Petra	Yvonne	Sema	Inge	Seynep	Ulla
Größe	37	37	37	38	38	39	39

Mittelwert: .... Zentralwert: 2

3 **Bestimme den Mittelwert und den Zentralwert folgender Daten. Runde auf 2 Dezimalen.**

Daten	Mittelwert	Zentralwert
11 17 28 45 53 74 88		
140 390 544 1 200 1 432 1 766		
24 42 66 87 103 124 145		

3

4 **Jörg bekommt pro Woche 2,30 € Taschengeld. Er möchte gern mehr und vergleicht sein Taschengeld mit der Höhe des Taschengeldes seiner Klassenkameraden. Er macht zuerst eine Umfrage. Entscheide, ob er seinen Eltern den Mittelwert oder den Zentralwert angeben soll.**

Anzahl	**2**	**4**	**7**	**7**	**6**	**4**
Taschengeld €	5,00	4,50	3,00	2,00	1,80	1,50

Mittelwert: .... Zentralwert: ....

Antwort: 3

18–15 Punkte | 14–10 Punkte | 9–0 Punkte | Gesamtpunktzahl

Autoren: Fritz Kammermeyer und Roland Zerpies.

www.cornelsen.de

Bibliografische Information:
Die Deutsche Bibliothek verzeichnet diese Publikation in der Deutschen Nationalbibliografie; detaillierte bibliografische Daten sind im Internet über http://dnb.ddb.de abrufbar.

2. Auflage 2010

Projektleitung: Annegret Hauser, Berlin
Redaktion: lüra – Klemt & Mues GbR, Wuppertal
Reihengestaltung: Magdalene Krumbeck, Wuppertal
Satz und Layout: Ludger Stallmeister, Wuppertal
Illustrationen: Dorina Teßmann, Berlin
Umschlagentwurf: Magdalene Krumbeck, Wuppertal
Druck und Bindearbeiten: Saaledruck Naumburg GmbH
Printed in Germany
ISBN 978-3-589-22812-6

Gedruckt auf säurefreiem Papier,
umweltschonend hergestellt aus chlorfrei gebleichten Faserstoffen.